U0114342

看新聞，學數學

NEWS

&

MATH

李祐宗 著

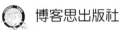
博客思出版社

以數學觀點判斷新聞價值

　　在這資訊爆炸的時代，媒體早已成為學校以外最大的教育主流，媒體包含新聞、網路、書籍雜誌等。當我們沉浸在這些來自四面八方資訊中，可曾留意到資訊的來源、可靠性及正確性？

　　數字會說話，但數字也會騙人。有鑑於此，筆者數年來蒐集十數篇有關數字和數學的新聞報導，嘗試以數學的觀點來探討數學在新聞中扮演的角色以及影響性。媒體素養一直是每個公民必須具備的能力，相信閱讀這幾篇文章後將會使您更懂得以更客觀的態度來看待新聞，並養成良好的價值判斷能力。

　　此外，筆者亦融入生活中與數學相關的題材，皆為筆者長期在科學雜誌發表過的文章，無論對中學生或一般社會大眾，皆能以全新的面貌來看待數學這門科目，以期讀者可以對數學有全新的觀點，並了解數學在日常生活中的應用與價值。

編者 李祐宗

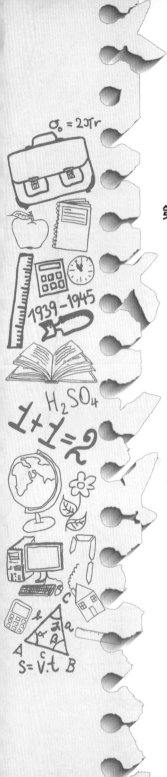

目　錄

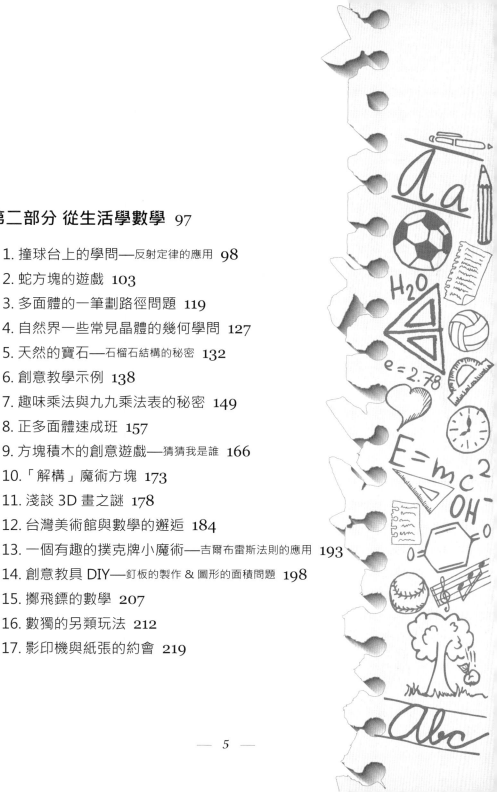

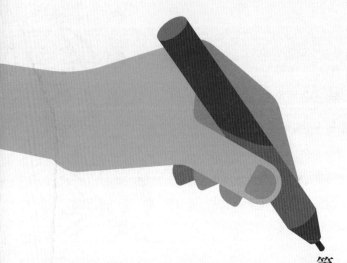

第一部分
看**新聞**學數學

身份證字號看穿你！

【A123456789 真有其人？】

呵呵，持有身分證字號「Ａ一二三四五六七八九」，不見得是好事。這個身分證字號的所有者，是四十九歲王小明，他是 XX 縣 XX 鄉某家公司的業務員。他說，身分證字號太順、超好記，過去曾被應召站拿去使用在援交、公司漏稅、健保看病、申請信用卡、郵局掛失等，害他經常被警方、健保局、稅捐處等單位調查。相同的新聞早在去年二月各家媒體就報過，今天這位仁兄又變成焦點人物！

王小明說，他的身分證字號還被詐欺集團拿來辦卡，使得他信用破產，不能辦信用卡，也不能當保證人；所幸他不會用電腦，而且工作是基層業務員，不會為非作歹，有關單位在他拿出相關資料證明後都能還他清白，但還是不堪其擾。他的身分證字號，不僅作姦犯科者常借用，政府機關也喜歡。謝條根指出，過去內政部、健保局宣導一些政策，會以身分證當畫面，名字是別人的，但是卻用他的身分證字號；還好是政府機關在做宣導，不然他又有麻煩上身，解釋不完。

這陣子，王小明的身分證字號又出問題了。警方調查，九十三年間，李大川（廿五歲，有竊盜、侵占前科）在拍賣網站以王小明的身分證字號，多次以交易對象彭姓、黃姓男子姓名、戶籍資料偽填為會員登記資料使用。許姓大學生被騙後，具狀向檢方指控李大川詐欺，檢方發交台北市刑大電腦犯罪專責組追查。警方將李大川傳喚到案，李大川供稱，

他是亂編身分證字號、姓名登錄，沒有想到真的確有其人。

大師觀點

　　我們在街上偶會遇到警察臨檢：「先生，現在警察臨檢，麻煩請出示身份證件！」這是許多民眾在騎乘交通工具時遇到警察臨檢的第一句話，隨後民眾配合出示證件並且看著警察拿起手邊的小型電腦輸入身份證字號，其實這種機器的功能之一便是檢查此身份證字號有無問題，並確認主人的身份問題。還有一種情況，有些人常上網為了避免資料外洩而輸入錯誤的身份證字號導致電腦系統回傳錯誤訊息，便心想：「怎麼可能！電腦怎麼知道我輸入的身份證字號是錯誤的？」

　　從上述兩個例子可以知道，其實身份證字號的編碼是有規則可尋的，只是各國規則標準不一，依據中華民國內政部設定的標準如下（以 A123456789 為例）：

1. 第一個字元代表地區，轉換方式為：A 轉換成 1,0 兩個字元，
　 B 轉換成 1,1……

A	B	C	D	E	F	G	H	I	J	K	L	M
10	11	12	13	14	15	16	17	34	18	19	20	21
N	O	P	Q	R	S	T	U	V	W	X	Y	Z
22	35	23	24	25	26	27	28	29	32	30	31	33

A 台北市　　B 台中市　　C 基隆市　　D 台南市　　E 高雄市　　F 台北縣
G 宜蘭縣　　H 桃園縣　　I 嘉義市　　J 新竹縣　　K 苗栗縣　　L 台中縣
M 南投縣　　N 彰化縣　　O 新竹市　　P 雲林縣　　Q 嘉義縣　　R 台南縣
S 高雄縣　　T 屏東縣　　U 花蓮縣　　V 台東縣　　W 金門縣　　X 澎湖縣
Y 陽明山　　Z 連江縣

2. 第二個字元代表性別，1 代表男性，2 代表女性

3. 第三個字元到第九個字元為流水號碼。

4. 第十個字元為檢查號碼。

檢查碼產生的規則為： 1.

每個相對應數字乘上權數										檢查號碼
A		1	2	3	4	5	6	7	8	9
1	0	×8	×7	×6	×5	×4	×3	×2	×1	
×1	×9									

2. 將乘上權數後之積相加

$$
\begin{array}{rcl}
1 \times 1 &=& 1 \\
0 \times 9 &=& 0 \\
1 \times 8 &=& 8 \\
2 \times 7 &=& 14 \\
3 \times 6 &=& 18 \\
4 \times 5 &=& 20 \\
5 \times 4 &=& 20 \\
6 \times 3 &=& 18 \\
7 \times 2 &=& 14 \\
+) \quad 8 \times 1 &=& 8 \\
\hline
&& 121
\end{array}
$$

3. 相加後之值除以模數 10 取其餘數

　　　121 / 10 = 12‧‧‧餘數 1

4. 由模數減去餘數得檢查號碼，若餘數為 0 時，則設定其檢查碼為 0

    10 － 1 ＝ 9

    也就是說，A 代表出生地在台北市，第 1 個數字 1 代表男性，2~8 為流水號，9 為檢查碼。驗證時須將出生地 A 轉為代碼 10 再接續後面 9 個號碼成為 10123456789。接下來將各數依序乘上特定數字在作加總：1×1 ＋ 0×9 ＋ 1×8 ＋ 2×7 ＋ 3×6 ＋ 4×5 ＋ 5×4 ＋ 6×3 ＋ 7×2 ＋ 8×1 ＋ 9×1 ＝ 1 ＋ 0 ＋ 8 ＋ 14 ＋ 18 ＋ 20 ＋ 20 ＋ 18 ＋ 14 ＋ 8 ＋ 9 ＝ 130。假設結果為 10 的倍數，則此身份證字號正確無誤，也就是此新聞報導為真實。若將此問題再延伸，可以思考有無其他的出生地代號可以搭配 123456789 這組號碼。若有，則是那一縣市？有無其人？

讓我們再看一則相關的報導：

【來電夫妻 身分證後 8 碼同號】

    中市台中路金銀銅機車行的陳老闆與其妻子的身分證字號，後 8 碼數字完全相同，機率微乎其微。

    陳老闆與妻子結識，是因妻子為結拜弟弟的胞妹，2 人從未見過面。他們婚後到戶政事務所辦理登記，戶籍員發現他倆身分證字號，後 8 碼數字相同，大吃一驚，以為過去登錄錯誤，經過查證無誤後，才為他們辦妥登記。

    北區戶政事務所秘書凌毓屏指出，身分證字號有 10 碼，第一個為英文字，是縣市別；第 2 個是數字，為男、女別；第 3 個到第 10 個數字，由內政部任意編號。蔡進德夫婦身分證字號後 8 碼數字竟然相同，聞所未聞。

陳老闆說，他和妻子身分證字號幾乎相同之事，他擔心遭歹徒冒用，不敢公開，迄今沒有幾個人知道。他和妻子身分證字號最後一個數字為4，他認為是「事事如意」的吉兆。

　　此外，陳老闆更發現，他跟妻子的手指指尖只要一碰觸，2人即有觸電的麻痛感覺，2人一直避免指尖接觸。

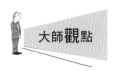

　　這也是一篇與身份證字號有關的報導。於是筆者研究了一下看看此報導的真實性為何。經筆者實際研究，假使在夫妻倆後8碼相同的情況下，兩夫妻的出生地（夫，妻）之組合竟有67種可能性。（此67種組合以下表來呈現）。例如可以是（台北市，新竹縣）的組合，或是（台中市，苗栗縣）的組合。有興趣的讀者可以稍加研究一下。但報導中沒有透露夫妻倆的出生地，所以很難推斷此夫妻為哪個縣市的組合。

夫	A	B	C	D	E	F	G	H	I	J	K	L	M
妻	J V X	K L Y	A M W	B N Z	C I P	D O Q	E R	F S	A M W	G T	H U	H U	J V X
夫	N	O	P	Q	R	S	T	U	V	W	X	Y	Z
妻	K L Y	B N Z	A M W	B N Z	C I P	D O Q	E R	F S	G T	J V X	G T	H U	K L Y

（表一：身份證字號組合表）

接下來在讓我們看一則有趣的報導：

【女嬰身分證字號 2266+5438，老爸跳腳！】

　　現代年輕人很喜歡用數字來當諧音，像是 2266 諧音「哩哩落落」，5438 念起來就像「我是三八」；這一連串不討喜的數字，竟然同時出現在彰化一名剛出生的小女娃身上，由於身份字號是要跟著人一輩子，她的爸爸一看相當不高興，還好以專案向內政部申請，同意更換小女娃的身份字號。

　　彰化洪姓男子今年 2 月初剛當爸爸，開心到戶政事務所幫女兒辦出生登記，沒想到女兒身分證字號上的數字卻讓他當場傻眼。洪姓男子表示，「2266…5438，因為是女生，所以女生這號碼數字就不好聽。」

　　怎麼有這麼巧的事？這組電腦配發的身分證字號，前四碼 2266，後四碼 5438，無論聽起來念起來都不討喜，但礙於只有末位數是四才可以換身分證字號，洪爸爸好著急，向內政部專案申請。洪姓男子表示，「怎麼那麼剛好？一萬個號碼裡面就選到這兩個號碼，怕小孩子的成長還有家庭的困擾，我們特別報請內政部核准個案處理。」

　　所幸更換成功，2266 是區域號碼不能改，但最不好聽的 5438 終於改成 5488；當老爸的洪先生終於鬆了一口氣，女兒長大不用擔心被笑，擺脫不討喜的 5438，可以帶著 5488（三八變發發）的吉利數字過一輩子。

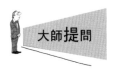
大師提問

1. 女娃的原身份證字號是否為 N226605438 ？由無其他可能？
2. 若原字號為 N226605438，若依新聞最後改成 N226605488，
   此更改後的號碼是否正確？請檢驗之。

浮動油價爭議很大？

【消基會：油價公式早失真　多收的請吐出來】

消基會董事長吳大仁表示，消基會早就指出油價計算公式不合理，當國際油價一路漲跟一路跌的時候，中油公布的油價會失真，八月份消基會曾經召開記者會批評當時油價過高，每公升被中油「卡油」1.1 元，現在盈餘累積到 11 月，中油賺更多，政府應該立即檢討油價公式，降價回饋消費者。

吳大仁指出，若以相同時間的原油價格為基準點，比較國內油品價格，會發現原油價格下降時，國內油價竟上漲。以 2006 年作為基準點，不論是過去以西德州的原油價格作為調價依據，還是以現在「杜拜 70%、布蘭特 30%」的浮動比例八成計算，都出現原油價格下降、國內油價卻調漲。

昨日紐約原油期貨市場進一步下跌，每桶跌至 73 美元，這是兩個月來最低點。謝天仁舉例，依能源局網站資料，今年 8 月 1 日依公式比例算出每桶為 68.434 元，與去年 10 月 15 日依照比例算出每桶為 68.73 元差不多。

結果今年八月一日中油九五無鉛汽油價格為 29 元，去年 10 月 15 日中油九五無鉛汽油價格為 27.9 元，今年貴 1.1 元，國際油價相仿，反映在國內油價卻不一，讓人無法理解。

若和國際油價相仿的 2006 年 5 月 22 日，九五汽油每公升二十七‧六元相比較，國內油價漲幅差別竟然高達八％，顯示公式不合理。

大師觀點

　　這是一篇近幾年的報導（98 年底），看到此報導想必讀者第一個想到的是浮動油價公式為何？假如您真的打開電腦搜尋公式那代表您已經是個有科學素養的人。石油為民生物質必需品，沒有石油連帶的各種產品也都會停擺以及導致民生物資上漲。不景氣的年代百姓總是精打細算，睜大眼盯著政府的政策，心情也隨著油價漲跌起伏不定。這篇報導的重點在於油價公式的合理性。以下是浮動油價的公式說明：

　　調價指標以 Platts 報導之 Dubai 及 Brent 均價分別以 70％及 30％權重計算調價指標（70％ Dubai+30％ Brent），取小數二位，採四捨五入。

　　依據中油新調價機制，油價以上週五至本週四調價幅度取「調價指標當週均價乘以當週匯率均價與調價指標前週均價乘以前週匯率均價比較」之 80％變動幅度計算，取小數點二位，四捨五入。中油每週日中午十二點會於網站宣布調降國內汽、柴油價格及計價公式。（目前最新油價以每周一至周日為一周期調整）

　　舉例來說，上週一西德州原油的收價盤是 100 美元／每桶，本週一收盤價是 106 美元／每桶，由於這一週國際油價漲價 6 美元，除以基數 100 美元，漲幅是 6％，但中油「只反映八折」，即 6％乘以 80％。

1. (106-100)/100=6％..... 國際油價漲幅

2. 6％×80％=4.8％...... 中油反映油價漲幅

也就是如果中油目前的九五無鉛汽油的未稅批發價每公升是 32 元，則本週調漲（4.8％乘以 32 元）1.536 元，中油調高後的未稅批發價是 33.536。

看到此公式仍然不知是有何不合理之處，但有眼尖的民眾一眼就看出其中在於匯率的問題，也就是美元轉台幣的匯率是否考慮進去的問題，詳細研究可參考其他資料。我想市面上很多商品也有類似的問題。例如保險公司標榜保本保息的 n 年期變額壽險產品，傳單上的利息公式看似毫無問題，但是本金的部份是否有考慮到匯差問題這部份是外行的民眾不會查覺的。所以凡是跟我們有關的訊息，都要詳加瞭解進而保護自身的權益。

網路費貴貴貴！

　　接下來提供的兩則報導，亦是有關民生問題—網路費用。目前台灣地區家用網路的費用大約是一千上下，依照上網速度或加值服務而增加。記得在 99 年時 NCC 打算令國內電信業者自 99 年 4 月 1 日起調降各項費用將近 6%，引起業者的反彈，網路費用貴不貴雙方各說各話。故筆者提供以下兩則各說各話的報導各一，讓民眾來論定是非。

【中華電信：台灣寬頻費率比日本便宜】

　　針對消基會指稱台灣光纖費率是日本的 5.58 倍，中華電信反駁指出，中華電信光纖網路相近產品較日本便宜，且根據市調公司今年第 2 季調查，台灣寬頻速率費率也比日本便宜。

　　中華電信以日本 YAHOO!BB 的 ADSL 8M 為例，日本用戶須繳交 ADSL 電路月租費日幣 1039 元、數據機月租費 724 元及用戶迴路租金 165 元，合計日幣 1928 元（約折合新台幣 681 元），但中華電信 ADSL 8M 僅需新台幣 473 元，較日本便宜。

　　以相近光纖網路產品比較，日本「NTT FamilyType up to 100M」，用戶須繳交電路月租費合計日幣 5460 元（約合新台幣 1928 元），中華電信 100M 電路月租費僅需新台幣 1100 元；如包含上網費用，中華電信電路及上網月租費合計新台幣 2200 元，日本電路及上網月租費費用則達日幣 7539 元（約合新台幣 2662 元）。

　　中華電信也引用市調公司 POINT TOPIC 今年第 2 季統計

報告指出，台灣寬頻入門費率居全球最便宜，其他速率相近產品也較日本便宜。

此外，消基會以國內生產毛額（GDP）評估寬頻費率便宜與否，中華電信則表示，採購寬頻網路建設設備成本並不會因 GDP 高低而有很大不同。

【消基會抨擊中華電信，光纖寬頻比日本貴 5 倍】

消基會今（23）天再度抨擊國內電信資費過高，直接點名電信龍頭中華電信。消基會並以國民所得水準來評估國內 ADSL 及光纖寬頻上網資費，認為與鄰近的日本、新加坡、韓國、香港相比，台灣民眾能買到的頻寬實在太少。消基會呼籲，政府應督促業者立即調降費率。

消基會曾於今（98）年 3 月，對國內電信費率進行調查，認定國內收費太過昂貴。事隔半年，消基會再度調查寬頻上網費用，除台灣外，並挑選日、星、韓、港四國的電信業者（日本 Yahoo!BB、NTT 東日本、SingTel 新加坡電信、韓國 KoreaTelecom），按照其金額佔該國每月國民所得的比例，以每 1% 的月國民所得為單位，來比較可購買的頻寬。

調查顯示，台灣無論是 ADSL 或是光纖寬頻上網資費都居四國之冠，且換算每 1% 的月國民所得之後，可買到頻寬卻少的可憐。

若以 2008 年每月國民所得為基準（台灣 1,273 美元、日本 3,184 美元、新加坡 2,897 美元、香港 2,618 美元、韓國 1,794 美元），來評估台灣 ADSL 費率（2M 或 8M），日本可購買到的頻寬是台灣的 2 倍，新加坡則是台灣的 1.92 倍，韓國則是 1.44 倍。

至於光纖費率，日本可購買到的頻寬是台灣的 2 倍到 5.58 倍不等。香港以及韓國，則分別為台灣的 4.42 倍及 2.79 倍。消基會建議，台灣 ADSL 網路費率（8M）應至少降至新台幣 500 元，而光纖網路費率（100M）則應該降到新台幣 1,300 元以下。

　　消基會並建議，NCC 應針對整體電信資費過高、市場環境未能公平競爭（電路費僵固）、連線速率不理想等狀況，強制介入並解決不合理現況。

　　被消基會點名的中華電信，稍晚也發表聲明，中華電信表示，國外收費項目不會只有一種，若消基會只取其一和台灣比較，可能有失公正。以 ADSL 為例，日本 YAHOO!BB 用戶除須 ADSL 電路月租費，還得繳數據機月租費、用戶迴路租金等費用，加總之下，中華電 ADSL 收費反而較日本低。

　　此外，NCC 則指出，今年已針對台灣現行資費管制項目、電信市場競爭狀況及國際上電信費率趨勢等議題進行討論，預計近日內會公布資費檢討結果。

　　看了以上兩則各執己見的報導，您覺得台灣的 ADSL 是貴呢，還是便宜呢？如果民眾只看第一篇報導而不加以深入研究，就會以為台灣的網路費用較日本便宜。但是日本的消費指數眾所皆知，舉凡去過日本旅遊的人都知道，在東京買一塊蛋糕加一杯咖啡就要價台幣 500 元，國內大概不用三分之一就可享受同樣的點心。但是日本的薪水也是相對於當地

的消費指數而定。所以同樣都是上班族，日本的薪水大概是台灣的 2 至 3 倍以上，所以相對看來這 500 元的價錢在當地人看來不是很貴。也就是理解這一點的人，就可知道，凡是折合台幣比台灣貴的日本產品其實不見得是「絕對的」貴，反而可能「相對的」更便宜。

　　所以第二則報導以產品價錢來除以國民所得產生的百分比來作比較就較為客觀。結果發現日本的網路費用反而更便宜，而不是貴。這討論包涵了相對以及絕對的問題，所以這事件可以培養我們以後對於各項資訊都要抱持客觀、多方面的比較才能判斷事實的真偽。

產品	100M 電路月租費（台幣）（a）	上網＋電路月租費（b）	2008 年每月國民所得（台幣）（c）	a÷c	b÷c
台灣	1,100	2,200	1,273（美元）×32 = 40,736	2.7%	5.4%
日本	1,928	2,662	3,184（美元）×32 = 101,888	1.9%	2.6%

（表二：台灣及日本地區兩地網路費用比較）

海市蜃樓還是實景？

【澎湖可以看到玉山？是實景還是海市蜃樓？】

　　真的是太神奇了，澎湖居民竟然從澎湖島上看到一百四十公里外的玉山，專家認為這是因為天氣好光線折射，加上玉山高度夠，才會在澎湖看到玉山的海市蜃樓。

　　太陽剛出來的時候，在澎湖空曠區遠遠望，看到了一整排的山影，尤其是兩個雷達站和水塔中間的山型特別明顯，不可思議地這竟然是在台灣本島玉山的影子，拍攝到這現象的是澎湖一位居民，他在清晨五點半時，站在五十公尺高的山坡上，拍到台灣第一高峰的山影，怎麼會這麼神奇，從澎湖到台灣玉山，有一海之隔，中間距離一百四十公里，但竟然肉眼可以看到玉山影子。專家解釋這種情況叫海市蜃樓，一年能看到三、四次，因為天氣好加上的折射原理才會形成。

　　像這幾天的好天氣，在早上或下午站在高一點的空曠地方，都能有機會在澎湖看到遠在一百多公里外玉山山影的奇觀。

【新聞：另一則報導】

　　台北科技大學土木系湯先生說，依地球曲率換算，從140公里遠處，只要天氣晴朗、能見度好，是可以看到海拔1500公尺以上的山脈。玉山國家公園管理處解說教育課魏

課長說，從澎湖能看到玉山主峰不足為奇，但如此清晰，還有雲海影像，他也是第一次看到。

何謂海市蜃樓？

讀者看到這樣的新聞不免想起大家心中共同的疑問：到底是實景還是海市蜃樓？當這則新聞播出時，當地民眾表示此種景象在早期已有人發現過，不足為奇，甚有當地前輩指引，只要再天氣晴朗的清晨，便可看到台灣的山。所以此一景象在之前已被當地民眾或遊客目睹，且發生的時間點並非只是在清晨，甚至在中午或下午都有人目睹過。

當然，對於此一現象時個民眾裡會有七個以上說這是海市蜃樓的現象。何謂「海市蜃樓」呢？當空氣溫度分布不均造成空氣分層現象時，不同溫度的空氣會造成不同密度的空氣，光在不同密度的空氣間因為不同的折射率產生偏折現象，使的遠方物體不會以直線進入目視者的眼睛，而是以曲線的全反射進入目視者的眼睛，讓目視者以為遠方的景象停留在眼前，此假象稱為海市蜃樓。

海市蜃樓成像位置有兩種，一種為正立像，另一種為倒立的像，這是因為上下層的空氣密度的漸層次序顛倒所以會形成兩種折射。

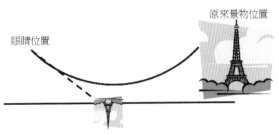

圖：倒立海市蜃樓示意圖

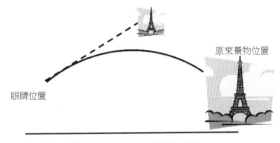

圖：正立海市蜃樓示意圖

　　若撇開此現象不談，有沒有實景的可能呢？這得從地球構造說起，地球近似球體，無論從何處往遠方看，只能看到有限距離的景物，站的越高所能見到的景象越遠，或者說，越高的遠處景物越能被目視者看到，那麼，究竟人有沒有可能見到 140 公里遠、高約 4 公里的景物呢？

　　澎湖到玉山的距離？

　　首先文中提到澎湖到玉山約有 140 公里遠，這是如何測量出來的？若要以平面的角度來思考，可以假設兩地坐標分別為（x1，y1）及（x2，y2），利用畢氏定理求出兩地的距離為 $\sqrt{(x1-x2)^2+(y1-y2)^2}$，然後再轉為公里的單位即可。

　　實際上地球是圓的，以平面觀點來計算地球上兩地的距離與實際狀況會有出入，幸好現在有一套很好用的軟體可以用來記算兩地的距離，此軟體英文名稱為 Google earth。它其實是一套可以看世界任何角落的一個軟體，讀者看到的圖片是這幾年透過衛星存檔的舊照片，若要進一步看到最新的照片則要付費升級。

　　這套軟體其中一項功能便是可以計算地球上兩地的距離。我們都知道，地球上兩地的最短距離是通過地球圓心的大圓的其中一段弧長，據說此套軟體就是以這樣的方式計算出來。若是這樣得到的答案將會比以平面觀點算出來的答案還要精準許多。

　　由於計算兩地的距離不是本篇主要的訴求，所以筆者簡單的說明如上。下圖則是以 Google earth 算出來的澎湖到玉山的距離。

圖　四

從畢氏定理看地平線！

　　住在海島的我常有這樣的經驗，站在海邊望著大海無垠的那一面。遠方的地平線隱約可見，只是不知道距離我們多遠。所以我們愈討論玉山的問題，可以先從自己來討論以我們的身高可以看的道的最遠距離。

　　這問題可以用畢氏定理來說明，怎說？人的眼睛與地平線的距離恰為地球的切線，切點即為人可以看的道的最遠距離。地球半徑假設為 6357 公里，人比喻成一條直線，則頭到地球中心連成一條直線，則以上三條線段恰成為一個直角

三角形的三個邊。假設此人的身高為 170 公分（相當於 0.0017 公里）所以列式如下：

$(6357 + 0.0017)^2 = 6357^2 + x^2$。$x \doteqdot 4.65$ 公里。也就是說，身高 170 公分的人可以看的到地球最遠的距離大約是 4.65 公里。各位覺得遠不遠呢？當然，身高愈高的人所能見到的距離會更遠！

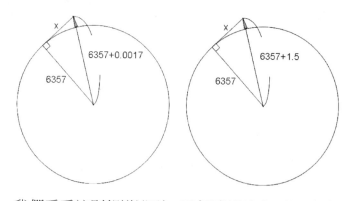

我們看看這則報導說到，天氣晴朗時人可以看到 140 公里遠、1500 公尺的高山。為了解說此現象我們仍用畢氏定理來說明，如下圖為一個地球，地球半徑為 6357 公里，綠色部分為 1500 公尺的山，相當於 1.5 公里。假設人站在山頂上往海天一線的方向瞧去，最遠距離可以達到 x 公里，那麼地球半徑、地心至山頂以及 x 三者圍成一個直角三角形，根據畢氏定理，$(6357 + 1.5)^2 = 6357^2 + x^2$。$x \doteqdot 138$ 公里，很接近報導說的 140 公里。也就是說，人若站在高 1500 公尺高的山頂上，理論上可以看到約 140 公里遠的地面，反之，地面上的人也可看至 140 公里遠、高 1500 公尺的高山，更惶論是 3952 公尺高的玉山。

依此推論，我們可以算出約 4 公里的高山可以被看到的

距離：$(6357 + 4)^2 = 6357^2 + x^2$。$x \fallingdotseq 226$ 公里。也就是說，這樣的景色可能是實景，但也不排除為海市蜃樓。讀者可以思考，可否用數學方法判別此景象是海市蜃樓還是實景？

相似三角形法推論實景或海市蜃樓！

我們看看下圖，假設目視者距離玉山 140 公里，那麼他可以看到的山高最低極限是 1500 公尺，也就是只能看到 1500 公尺高的山頂，相當於玉山的腰部，所以照片中的景象並非是玉山的全部高度，而是玉山的上半部 2500 公尺高的部分。

現在目視者拿出一枝筆高度為 a 公分，目視者距離筆 b 公分，根據相似三角形定理：$a \div b = 2.5 \div 140$，也就是當 $b \div a = 56$ 時，就也可能是實景；否則，若是海市蜃樓，所見到的景象會感覺較近，此時的 $b \div a$ 會遠小於 56。下次讀者有幸見到類似的風景，不妨動動腦思考，善用數學思考獲得解答，相信您將會得到很大的成就感！

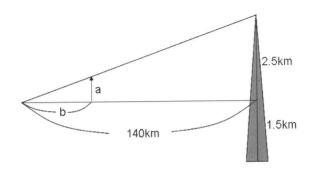

從新竹看台北 101

類似的報導出現在新竹的飛鳳山，不過這回事有民眾在山區看到台北的 101 大實景。我們來看看這段報導：（以下為新聞報導）

台灣陸地上，最遠到哪裡還可以看的到台北 101 大樓呢？答案是新竹縣芎林鄉的飛鳳山。這個山只有 462 公尺，居然可以看得到，原來是因為這裡和 101 大樓間，正好有大漢溪和關西鎮的山坳相連結，中間無法蓋建築物，才能在新竹看到 101。

就是這張照片，讓常爬新竹縣內飛鳳山的登山客高興的不得了，因為他們從沒想到，遠在 80 公里外中間還隔著桃園縣的新竹，居然還能看到台灣第一高樓「台北 101」。登山客：「上到觀日亭向這個方向，天氣很清的時候就看得到，（台北 101）大概這麼長。」

為了一探這神奇景觀，趁著好天氣，我們也實地爬上飛鳳山，不過最後都沒看到，該不會照片的合成的吧？其實想看 101 還得看老天臉色，因為平時空氣中灰塵跟懸浮微粒，會讓視野欠佳，所以要下雨過後才能在新竹看到 101。

登山客：「事實上天氣是瞬息萬變的，當我們走到山上的時候，很意外我們往右前方看的時候，（台北 101）特別的清晰，竟然給我看到 101，那個時候我拿起相機拍，拍下來之後我很感動，那時候就大喊看到 101 了。」

只是飛鳳山相隔台北 101 有 80 公里，讓這裡成為全台用肉眼看得到最遠地方，仔細觀察，原來全是地形造成的，因為台北盆地有大漢溪流過行成一個山坳，地勢低加上視野空曠，讓位在丘陵地形的飛鳳山居高臨下直望 101，這樣的

驚奇，讓當地人直呼造物者真是太神奇了。

　　或許看到的民眾當下覺得很驚奇，其實用上述的理論也可得到印證。我們以 101 大樓比喻為人的高度（約 500 公尺＝ 0.5 公里），依照畢氏定理（6357 ＋ 0.5）^{2} ＝ 63572 ＋ x^2。x ≒ 80 公里。

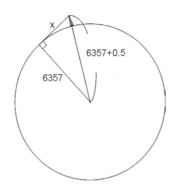

　　也就是說，站在高度為 500 公尺的建築物上，可以看到最遠的距離大約為 80 公里；相對的，遠在新竹的飛鳳山也可以看到 101 大樓，至於看到的部分應該是 101 大樓的頂部。而登山客看到的大樓約有卅至四十樓這麼高（上半部的部份），況且飛鳳山高達 462 公尺，只要在天氣晴朗、空氣清新無塵埃的狀況下，看到台北的 101 大樓是有可能的！

　　不過，經筆者使用 Google earth 測量新竹苧林到台北 101 的距離才只不過 54 公里左右，如下圖。而新聞報導中的 80 公里可能是用其他觀點算出來的吧！那麼到底應該以何者為準？筆者認為人的眼睛與所見到的物體是呈一條直線，所以應該以 54 公里的距離為準才對。

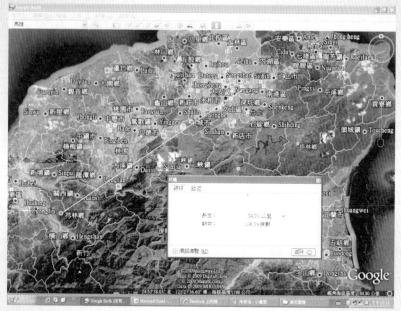

從新竹看台北 101

981110 玉山現形記

在 98 年 11 月 10 日早上筆者從家中出發準備前往學校時，看到在遠遠的東方隱約可見台灣的中央山脈，時間為早上七點半左右。一年當中能見到此景像的日子幾乎是寥寥無幾，可見的當時筆者有多驚訝與興奮。隨後到八點半這段時間，山脈的容貌更加明顯，在這剛過立冬的日子能看見這樣的景象實在難得，於是趕緊向同事借來相機拍下。

PHOTO

98/11/10 從澎湖看到玉山

　　依據現場的角度使用 google earth 判斷應該也是玉山，再接著用竹籤及長尺來測量山的高度。筆者先訂出竹籤 1 公分的高度為單位，再將此單位對準山的高度，此時將竹籤至眼睛的距離算出為 65 公分，根據相似三角形：$1：65 = X：140 \to X \fallingdotseq 2.154km = 2154m$。$2154 + 1500 = 3654m$。此高度應為玉山的高度，且是實景的機率很高。

利用道具測量山高

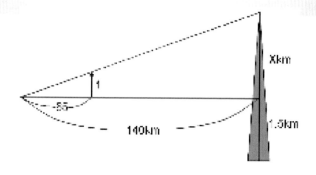

相似三角形測量法

失之毫釐，差之千里

筆者使用相似三角形法來測量玉山的高度是假設竹籤與玉山為互相平行之下的條件來作測量。事實上，地球是圓的，任何垂直於地面的兩物體並不會互相平行。所以測量時，竹籤與玉山實際上也是不平行的。

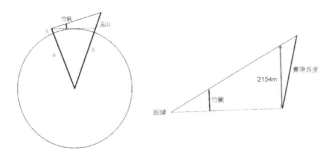

那麼量出來的 2154 公尺應該是哪一段呢？應該是中實際長度的那一段。而實際玉山的高度（看到的玉山上半段的部份）應該大於測量值 2154 才對（此部份可用三角形的大角對大邊來說明），所以玉山的實際總高度應該大於計算出的 3654m。

再者，因為玉山距離我們實在太遠，用相似三角形測量遠方的物體高度誤差甚大。舉個例子，假使某甲同時與筆者站在相同的位置一同測量玉山高度，且同樣以 1 公分的竹籤高度來測量眼睛至筆的距離時，筆者為 65 公分，也許某甲測量出來為 50 公分，若要以某甲來計算玉山的高度為：

$1:50 = X:140$　　$X \fallingdotseq 2.8km = 2800m$。$2800 + 1500 = 4300m$。此高度遠大於玉山的高度，如果愈多的人來一同測量，如果大於 4000m 答案者居多的話，也許所見到的玉山並非實景，而可能是海市蜃樓，因為海市蜃樓會將遠方物體呈

— 33 —

現在距離目視者較近的位置。

　　只可惜，一年當中能見到這種景象的機會是可遇不可求，只能期待下回碰到時，利用多一點的時間來作測量，以解開兩派學說（指的是『海市蜃樓說』與『實景說』）的紛爭。各位讀者，您認為這是實景還是海市蜃樓呢？

元宵乞龜樂！

【元宵乞龜樂！1200萬「金龜」請回家】

在澎湖馬公的各大廟宇，每年皆舉辦了有十幾年歷史的「乞金龜」活動，參賽者各個拼命跟神明祈求，希望可以多擲幾個筊，競爭好激烈，最後是由去年也乞到黃金龜的海運公司連莊，把這隻重達200兩、價值1200萬元的黃金海龜請回家。

來自台北戴眼鏡的先生，超專心的在跟神明溝通，好想要把金龜帶回家，果然五次裡面有三個聖筊，但接下來這一位也不是省油的燈，他代表運興海運，一擲果然也是聖筊，不過這已經是他的第四次聖筊，最後就以四比三贏了剛剛那位先生，可以把金龜帶回家。

不知道是不是金海龜特別眷顧討海人，這間船運公司已經連續兩年把金龜帶回去了，老闆笑的好開心，希望今年這隻金龜跟著他們、可以保佑他們平安順心賺大錢。好不容易把這隻重達200兩、價值1200萬元的金龜帶回家，他也承諾明年會送還213兩8錢的金龜，象徵一生都會發大財。其他信徒也搶著摸金龜，沾沾喜氣，連小朋友也喜歡。隨著信徒的回贈，明年這金龜也越長越大，讓活動一年比一年熱鬧。

大師觀點

　　元宵節乞金龜是澎湖每年逢年過節的一大盛事，往年到了元宵節前後這兒的廟裡都會舉辦擲筊乞金龜活動，簡單說來就是參加民眾比賽看誰可以連續擲出最多的聖筊數目，誰就可以乞得廟裡的黃金龜。得主將廟裡的黃金龜帶會家供奉據說可以讓家中未來這一年飛黃騰達賺大錢，這也讓乞過金龜的民眾屢試不爽。而一年後得主通常會以更高的價錢來還願廟方，如此傳承下去，因此每年的金龜會越來越重。

　　筊的構造分為平面與曲面，平面就一般所謂的「陽面」；曲面就是所謂的「陰面」。擲筊情況分為三種：下列是陽陰組合的說明：

1. 一陽一陰（一平一凸）：稱之為「聖杯」（或「聖筊」）表示神明認同，或行事會順利。但如祈求之事相當慎重，多以連三次聖杯才算數。

2. 兩陽面（兩平面）：稱之為「笑杯」（或「笑筊」），表示神明一笑，還未決定要不要認同，行事狀況不明，可以重新再擲筊請示神明，或再次說清楚自己的祈求。

3. 兩陰面（兩凸面）：稱之為「陰杯」、「無杯」（或「怒筊」），表示神明不認同，行事會不順，可以重新再擲筊請示。

　　談到擲筊，在古典機率中無法定義，為何？因為筊的形狀並非全對稱性，有一面是平面有一面是曲面，單擲一筊的機率無法用各一半來決定其正反面的機率。但是有人作過此實驗，依照不同材質的筊、不同角度、不同高度或不同方式

擲筊，發現正反面的機率很接近二分之一。也就是說，擲出一正一反的筊（俗稱聖筊）的機率也相當接近二分之一。那麼為何擲筊的機率要設計為接近 0.5 呢？假設筊的設計為平面朝上機率為 0.3，則平面朝下機率為 0.7，那麼雙筊一擲會發生什麼結果呢？聖筊的機會將為 0.3×0.7 ＋ 0.7×0.3 ＝ 0.42，笑筊的機率為 0.3×0.3 ＝ 0.09，怒筊的機率為 0.7×0.7 ＝ 0.49 或者 1 － 0.42 － 0.09 ＝ 0.49。要擲到聖筊機率會降低，此問題可用代數來做證明：

假設筊的平面機率為 x，則平面朝下的機率便為（1 － x），欲求得最大的擲筊機率，即另此機率 $y = x（1 － x）＋（1 － x）x = － 2x^2 + 2x = － 2（x^2 + x）= － 2（x+\frac{1}{2}）^2 + \frac{1}{2}$。可得到最大機率為 $\frac{1}{2}$ ＝ 0.5。這就是為何筊的機率要如此設計的原因。可是讀者有沒有想過，硬幣的精準度不是比筊來的更好嗎？沒錯，當身邊沒有筊時擲硬幣也是可以的，因為擲硬幣正反面的機率也是 0.5，所以沒事帶個兩枚 10 元銅板也是很好用的！

什麼？燕麥熱量比米飯高？

　　以下兩則也是針對近年正夯的減肥聖品「燕麥」熱量比白米飯還高的正反面報導：

【吃燕麥減肥更「胖」？熱量比飯高2倍】

　　夏天想減肥，不少人會選擇早餐拿燕麥取代，但是營養師卻不建議，因為燕麥的熱量100克就有389大卡，比吃一碗白飯還高，被女性視為美白聖品的薏仁，熱量也有373大卡，一天喝2杯就算過量；營養師建議，如果單吃燕麥減肥，會造成營養不均衡，更可能會愈減愈胖。

　　舀一大匙，放進杯子，加牛奶來喝，健康的吃法，不少民眾認為減肥吃燕麥就行，但實際是錯的。

　　以白飯來看，100克的熱量有148卡，燕麥卻有389大卡，整整比白飯多出2.6倍，相當於喝一杯就比吃一碗白飯的熱量還要高。

　　營養學會理事長高大碗：「很多人認為說，它東西吃起來，比較沒有負擔，其實是錯誤的迷思，像燕麥它被發現是具有調降血膽固醇，但是確實要注意，它的熱量不能忽略掉。」澱粉類食品，熱量高的不只燕麥，還有薏仁；拿黃澄澄的罐頭玉米粒，和薏仁相比，100克的薏仁熱量是玉米的5.5倍。

　　愛美的女性一天喝上2杯，熱量就算過多，營養師提醒，夏天到了想減肥，用不吃澱粉的方式是錯的，適量的攝取糙米飯，反而能讓身體產生飽足感，才不會愈減愈胖。

【「熱量比飯低」，營養師澄清燕麥不胖！】

日前台灣營養學會理事長高大碗，引用一份燕麥熱量資料，要民眾留意，但這個數據說，燕麥的熱量是白飯的 2.6 倍，高得嚇人，甚至引起了國健局關注，其他的營養師也跳出來替燕麥喊冤，而高大碗也在事後發信澄清；原來當天是由工作人員準備的資料，用 100 公克的基準來比較，看似公平，其實一個是煮好的白飯、一個是還沒泡過的燕麥，熱量不能比較，

真的要用碗的份量來比較，兩者的熱量其實差不多。

營養學會理事長高大碗：「燕麥它被發現是具有調降血膽固醇，但是確實要注意，它的熱量不能忽略掉。」

營養學會理事長發表研究，不吃澱粉也會胖，但現場澱粉類熱量比一比，工作人員準備的資料顯示，100 克，白飯熱量 148 卡，燕麥卻有 389 卡，居然高白飯 2.6 倍，連理事長當下也不疑有他。

只不過這樣的數據，不僅引起國健局關注，其他的營養師也跳出來，特地把白飯、燕麥「傳便便」，條件相同，一比，100 克白飯只有半碗，熱量 140 卡，燕麥泡熟狀態，體積有 2 碗，算一算，半碗 100 卡，燕麥熱量相對較低。

聯合醫院營養師林小姐：「相對如果我用 100 公克乾的燕麥片，我把它泡成水的時候，就會是 2 大碗，那這 2 大碗的話，通常泡牛奶啦，我不太可能一次吃進 2 大碗的燕麥，所以這種熱量就會差別這麼大。」

同樣學營養，怎麼會認知不一樣？其實隔天營養學會理事長就發現，趕緊發信澄清，100 公克煮熟的白米飯是濕重，當時的 100 公克燕麥是乾重，兩者熱量無法比較；原來燕麥

並不胖，讓想用燕麥減肥的人鬆了口氣，不過營養師提醒，減肥當然不是光靠燕麥，好好控制飲食熱量，才是上策。

綜合兩篇報導，白米飯每 100 公克有 148 大卡；燕麥有 389 大卡，如果白米飯的 100 公克的指的是濕重的話（所謂濕重是指煮熟後的重量），煮飯時必須加水，所以 100 公克的實際含米重是小於 100 公克的。煮飯時，米與水的體積比約 1：1（或以上），實際上以相同體積所秤的重量比大約也是 1：1。所以 100 公克的熟米飯中，所使用的米頂多 50 公克（或更少），如此換算成 100 公克的米（乾重）能產生 148×2 ＝ 296 克；而燕麥的 389 卡指的是 100 公克的乾重（未加水煮），比較起來仍是燕麥熱量比較高。

何以第二篇報導說米飯熱量較高，它是以兩種食物在「相同體積」下所含的熱量來作比較的。假設 100 公克的熟米飯只相當於半碗的容量，則整碗的白飯熱量有 148×2 ＝ 296 克；而 100 公克的燕麥煮熟可裝成二碗，平均每碗熱量是 389÷2 ＝ 194.5 公克，而 194.5 ＜ 296，故以「碗」的單位來做比較變成燕麥的熱量比較低了。

這牽扯到一個基本問題，到底誰熱量高所採用的基本單位應為何？是重量為單位相比較還是以體積為單位相比較才對？舉凡有關坊間的食品熱量表，大部分以百公克所含的熱量來做比較，也就是以重量為單位來做比較；但是換個角度

說，吃飯皆以碗（或其他體積）為計量單位，因此以體積為單位來比較熱量多寡也無不妥，有種食物熱量表即是以單位體積來計量的，這有助於我們計算每餐所食用的熱量，不過並非單位體積熱量高的食物其本身熱量就一定高，比方說煮飯所用到的水比例因人而已，煮稀飯時所加的水更多，如此便稀釋掉原有 100 公克的熱量，相對的「一碗」的熱量便會降低，再來就是煮飯所需要的米飯與水的比例約 1：1，而燕麥與水的比例卻高達 1：5，但是食品熱量表並不會告訴你這樣的比例，所以從以體積為單位所含的食物熱量表的很難推出原食物真正所含的熱量！

其次我們由營養學的觀點來解讀食物的熱量，食物三大營養素：醣類、脂肪與蛋白質，這些均為食物中熱量最主要的來源。看看下表，燕麥的醣類、脂肪與蛋白質每單位含量皆比白飯來的高，因此燕麥熱量較高並不是空穴來風，事實上在今年初筆者也曾在報導看到有營養師指出燕麥的熱量的確比白米飯高。以下為各食物每 100 公克所含的成份表：

食物名稱	水分	蛋白質	脂肪	碳水化合物	膳食纖維	膽固醇	鈉
	(g)	(g)	(g)	(g)	(g)	(mg)	(mg)
白飯	55.6	3.1	0.3	41	0.6	-	2
燕麥	9.4	10.3	10.3	68.7	12	-	3
燕麥片	10.1	12.3	9.7	64.1	4.7	-	3
即食燕麥片	8.7	9.8	9.9	70.1	8.9	-	2

（資料來源：節錄自行政院衛生署食品藥物管理局 / 台灣地區食品營養成分資料庫 http://www.doh.gov.tw/FoodAnalysis/ingredients.htm）

人性的冷漠來自機率！？

【騎士遭輾 多名路過駕駛見死不救】

　　台南商工蘇姓夜校生四月廿七日夜間騎機車經過路口時，遭對向車道正要左轉的自小貨車輾斃。肇事者逃離現場，隨後路過的十五輛機、汽車駕駛也視若無睹，加速離去。直到路過的楊姓駕駛把自小客車擋在路中央，才避免學生再遭輾。

　　警方調查，台南商工蘇姓夜校生，四月廿七日夜間放學騎車沿著光明路往八堵方向返家。當他途經光明路與自治街十字路口，向前行駛的蘇男發現廿七歲男子鄧小平駕駛的自小貨車，正從對向車道向左轉進自治街。煞車不及的機車突然滑倒在地，余男彈出機車外，滑入自小貨車的左前輪下方，頭部遭輾。

　　警方調閱監視影帶，自小貨車丟下騎士逃逸，路過現場、停車等待綠燈的十五輛汽機車，不但未上前搭救，反而視若無睹加速離開。甚至有路過騎士把機車停在路口，「隔岸」觀戲。

　　車禍後一分多鐘，楊姓男子駕車經過，驚見有騎士躺臥血泊中。好心的楊男不假思索，把自小客車轉了九十度，橫擋在車道中央，避免倒地騎士再遭輾。楊男與另名乘客則下車，手舉手電筒，不停揮舞雙臂，警示來車注意前方傷者，並迅速報警。

　　警方尋獲自小貨車遺留現場的保險桿碎片，肇逃駕駛蘇男受不了良心譴責，廿八日凌晨赴警局投案，辯稱當時知道

撞到人，因為很害怕，才逃離現場。

大師觀點

　　這是一則每天都會上演的社會新聞，舉凡類似此意外或類似事件發生時都會發生「沒人報警」的情形，事後往往被解讀為這是人性冷漠所致，但果真是如此嗎？其實有專家指出，在意外事故發生的場合中，在觀眾越少的情況下報案的速度比觀眾較多的情況下還要迅速！這是什麼原因呢？其實這是很簡單的人性問題，其實大部分的都是見義勇為的，那為何人越多越沒人報警呢？

　　假設在當時只有一名路人甲的情況，由於現場並無其他旁觀者，因此他認為自己應該報警，假設機率為 0.8。問題來了，現在如果縣長有兩位旁觀者，雙方皆有可能認為對方會報警，因此真正報警的機率變為 0.8x0.8 ＝ 0.64。依此類推若有三位旁觀者，實際報警的機率將降低為 0.8x0.8x0.8 ＝ 0.512，若依照新聞報導的 15 名路過駕駛，則報警的機率大幅降低到 0.0351843721，幾乎不到百分之四。沒想到這種大家都以為對方會做的的「投機」心理竟會導致這樣的結果。

「無人島」奇遇記！

【奎壁山退潮，氣象局誤差達1小時？】

　　澎湖縣湖西鄉奎壁山退潮後露出的海中步道景色壯觀，吸引遊客造訪，不過有遊客指出，氣象局潮汐預報表中的退潮時間，比當地公告的晚了一個小時，若依氣象局預報退潮時間去走步道，可能走到一半就會遇到漲潮，甚至被困島中，相當危險，質疑氣象局預報不準。

　　位在湖西鄉北寮村的奎壁山風景秀麗，每遇海水退潮時，就會有一條位在潮間帶的海中步道露出水面，遊客可以由此步行到對面的無人島赤嶼，但也不時傳出有遊客不諳潮汐，走到赤嶼後才發現漲潮海水已淹沒步道而被困島上意外，澎湖國家風景區管理處於是在當地豎立警告標誌及潮汐表供遊客參考，提醒遊客注意。

　　有遊客向「沿著菊島旅行」網站及本報投訴說，他們今年6月根據氣象局的潮汐預報到奎壁山走海中步道，氣象局當時預報說澎湖乾潮時間是下午4時，但下午4時到了當地，發現海水開始漲潮，已經不適合下水走步道，但貼在奎壁山的潮汐表寫的乾潮時間則是下午3時，兩份潮汐表足足差了一個小時，若遊客跟著氣象局預報表去，很容易被被困在赤嶼上，因此質疑氣象局預報潮汐不準。

　　中央氣象局海象中心副主任林先生說，除中央氣象局有潮汐預報表外，其他如漁會等單位也有，預報表中的漲退潮時間理論上不太可能相差到1個小時這麼多，氣象局預報中指的「乾潮」是已經退到最低，也是要開始漲潮的時間點，

遊客若挑最低點下水，當然容易受困。

他建議遊客若要走步道，最好比氣象局預報的乾潮時間提早1個小時，若氣象局預報有誤差，也歡迎遊客提出，氣象局會在研究後決定是否修正。

大師觀點

台灣及澎湖四面環海，自古先民多靠海維生，舉凡船隻進出港口、夜間照海、石滬抓魚、牽罟網魚甚至是到海邊游泳等，皆得配合潮汐時間從事相關活動，因此對於潮汐的時間早已非常熟悉。其實在台灣大部分的海岸及澎湖皆為半日潮地區，也就是一天漲退潮各兩次，或者說一次的漲退潮所需的時間約為半日。

潮汐的起因係受到太陽、月球的引力以及地球自轉所引起，同一地區每次的漲退潮比起前一天很規律的慢約48分鐘（一般民眾為了方便計算取概數都說50分鐘），十五天後時間將延遲48÷60×15 ＝ 12小時。因此潮汐為初一至十五、十六至卅為一循環（農曆有大小月之分，大月有卅日，小月有廿九日）。假設說今天下午三點鐘退潮，那麼明天退潮時間將延後至下午三點五十分。那麼可否用一套公式來算出某地區的潮汐時間呢？

其實只要用到簡單的等差數列觀念即可。接下來讓我們找出推算潮汐的公式，不過這要有一個很重要的前提，就是推導出的公式跟實際狀況會有誤差，我們是以每日滿潮點（或低潮點）的延遲時間為48分鐘的前提下，以澎湖為例，

看新聞，學數學

澎湖地區農曆每月初一的低潮點為早上五點十二分，等於 5.2 小時。假設每日延遲的時間為 48 分，化成分數為 48/60 ＝ 4/5 小時，以此數列的首項為 5.2，公差為 4/5，由於初一至十五、十六至卅為一循環，所以當農曆 N 日時，當 N ＜ 16，則每日乾朝時刻的公式為：5.2 ＋ 4/5×（N － 1），若 N ＞ 15，則公式為：5.2 ＋ 4/5×（N － 16）。

由於一個滿潮加低潮是 12 時 24 分，所以兩者間隔時間為 6 時 12 分，所以可以推斷低潮後的下一個漲朝為 5.2 ＋ 4/5×（N － 1）＋ $6\frac{1}{5}$ 或是 5.2 ＋ 4/5×（N － 16）＋ $6\frac{1}{5}$。而當天下一個低潮的時間為 5.2 ＋ 4/5×（N － 1）＋ $12\frac{2}{5}$ 或是 5.2 ＋ 4/5×（N － 16）＋ $12\frac{2}{5}$。其餘依此類推。※ 此處的日期是以農曆為準，如欲知道國曆轉農曆請參考網站：http://destiny.xfiles.to/tools/calendarVS.html

假設小朋今夏想至澎湖前往嚮往已久的赤嶼海底步道，他想於今年 7 月 20 日前往，請幫他規劃較佳的踏浪時間？

— 46 —

「形狀」會騙人！

【變相漲價！乖乖、舒跑，容量「縮水」挨批】

　　油電雙漲，反應在民生用品，有民眾發現，知名老廠牌乖乖、和飲料維他露P、舒跑，好像「縮水」了，外包裝一模一樣，只有容量標示更新，乖乖縮水兩成，維他露P，少20毫升，不仔細看，根本看不出來，民眾抱怨，漲價卻偷偷摸摸，根本是在欺騙消費者，我們實際到賣場，還發現有業者，把新舊包裝混在一起賣，民眾花同樣的錢，卻可能買到比較少的份量。

　　到賣場買乖乖貨架上滿滿一排，選了就走，小心吃虧，把乖乖翻面，營養標示有「秘密」，同樣包裝，這包65公克，這包卻只有52公克，混在一起賣，民眾根本不會發現。民眾：「有點扯，記者：「為什麼？」民眾：「這樣欺騙我們消費者，這樣變相漲價一樣。」

　　超過30年的老廠牌乖乖，6月中，「悄悄縮水」比一比，新舊2款包裝正面看，一模一樣，不過舊版的有65克，新版的只有52公克，價格維持20元，不變但容量卻縮水2成。

　　乖乖公司發言人呂小乖：「油費上有漲價，因為這牽涉到我們運輸成本，還有電價的一個上漲，玉米原料在國際價格上，也有調漲，這真的是要反映物價上漲。」

　　變相漲價的，不只乖乖；罐裝維他露P，新舊包裝擺在一起，新款明顯，矮了一截，容量從350毫升，變成330毫升，縮水5.7%，就連舒跑，罐裝包裝同樣不變，但容量從345毫升，變成335毫升縮水2.9%；10元包裝的可樂果，

價格也不變，但新包裝少了 7 公克，縮水 2 成。民眾：「這應該要告知消費者，或換個包裝，讓人分的出來。」業者反應成本又怕民眾反彈，把產品「縮水」悄悄漲，民眾結帳前，記得睜大眼睛看仔細，免得吃虧了，還傻傻掏錢。

　　若莫要吃虧，切記隨身帶一把尺，由大師教您如何算飲料包容量！

　　當我們走進便利超商，隨意的拿起一罐包裝飲料痛快的暢飲時，可曾想過飲料包裝的學問？市售的飲料包裝大多數都是長方體，或稱四角柱為最多，其次就是圓柱體，而正方體或是球體的包裝幾乎不曾見過。到底這些飲料包的設計有無學問，與數學有關係嗎？

　　最近世界各地提倡環保，就連包裝食品業也大力疾呼口號「運用最少的包裝材料，來包裝最多的產品」，以宣示環保的決心。其中「運用最少的包裝材料」這句話很耐人尋味，是否暗指目前市售的飲料包並不符合此原則呢？如果沒有符合此原則的原因又為何呢？現在讓我們來一探究竟吧！

　　筆者至家中附近的超商選了幾瓶飲料及一個四角柱模型來作比較，如圖一有三罐飲料（含左邊的透明柱體），各位讀者認為那一罐容量最多？接下來再看圖二，您又認為這兩罐飲料何者容量最多？

PHOTO

圖一：透明四角柱、鋁箔包和鋁罐

圖二：奧利多、波蜜果菜汁飲料

　　筆者曾對周遭幾個人作過如此的實驗，以圖一來說，不少人回答中間的鋁箔包容量較大，也有少數人認為右邊的鋁罐容量較大，但不約而同都表示左邊的透明柱體容積應該最小，事實上，這三罐容量皆一樣大，都是250ml；以圖二來說，很多人認為右邊的波蜜果菜汁容量較大，事實上這兩罐的體積都是240ml。

　　是什麼影響我們體積的判斷？就是表面積的設計。在固定體積下，其表面積可以產生無限多的變化，現在讓我們來分析一下上圖各飲料罐的表面積，如下表：

圖一各柱體	展開圖	各項數據（公分）	總表面積（平方公分）
透明四角柱（250ml）	圖三：四角柱展開圖	長：5 寬：5 高：10	2 正方形 ＋4 長方形 ＝ 2×5×5 ＋ 4×5×10 ＝ 50＋200 ＝ 250
鋁箔包（舒跑，250ml）	圖四：四角柱展開圖	長：6.4 寬：4 高：9.8	2×底面 ＋ 2×正面 ＋ 2×側面 ＝ 2×6.4×4 ＋ 2×6.4×9.8 ＋ 2×4×9.8 ＝ 255.04

鋁罐 （舒跑， 250ml）	圖五：圓柱展開圖	半徑：3.2 柱高：7.8	2× 圓面積 + 1× 長方形 = 2× ×3.2×3.2 + 2× ×3.2×7.8 ≒ 221.17
鋁罐 （奧利多， 240ml）	圖六：圓柱展開圖	半徑：2.6 柱高： 11.3	2× 圓面積 + 1× 長方形 = 2× ×2.6×2.6 + 2× ×2.6×11.3 ≒ 227.07
鋁罐 （波蜜， 240ml）	圖七：圓柱展開圖	半徑：3.2 柱高：7.5	2× 圓面積 + 1× 長方形 = 2× ×3.2×3.2 + 2× ×3.2×7.5 ≒ 215.14

　＊上表中的各柱體高度是扣除包裝厚度的估計值，所以會略為小一點。

　　由上可知，不同樣式的飲料罐其表面積也不相同，而表面積不同也決定了製作飲料的成本，假設未來食品包裝基於環保的考量，必須以最少面積創造最大的體積，那麼我們可否找出同樣在 250ml 或 240ml 下更小的表面積及其形狀呢？這個論述就與相同表面積之下，欲製造出最大的體積是相同的道理。現在我們分成四角柱、圓柱及球體來討論：

【四角柱的討論】

圖八：四角柱示意圖

　　四角柱分為正四角柱及非正四角柱，所謂正四角柱指的是底面為正四邊形的柱體；若底面為菱形、矩形或梯形等其他的四邊形則為非正四角柱。就如同圖一的透明柱體為正四角柱；舒跑的鋁箔包裝就是非正四角柱，現在假設一格四角柱的長、寬、高分別為 a、b、c（圖八），其體積為 V = a×b×c，表面積為 2×（ab ＋ bc ＋ ac），假設欲在體積 V 固定的情況下，求出表面積 2×（ab ＋ bc ＋ ac）的最小值，此時我們可以使用算術平均大於幾何平均的概念來說明：

$$\frac{ab+bc+ac}{3} \geq \sqrt[3]{ab \times bc \times ac} = \sqrt[3]{V^2} \rightarrow ab+bc+ac \geq 3 \times \sqrt[3]{V^2} \rightarrow 2×ab+bc+ac \geq 6 \times \sqrt[3]{V^2}$$

　　當等號成立時也就是 ab ＝ bc ＝ ac → a ＝ b ＝ c 時，也就是當正四角柱為正方體時，表面積有最小值 $6\sqrt[3]{V^2} = 6a^2$，所組成之形狀為正立方體，假設 V ＝ 250ml，則表面積最小值約為 238.11cm^2，此時正方體的邊長約為 6.3cm。

【圓柱的討論】

圖九：圓柱示意圖

假設圓柱的半徑為 r，柱高 h，則體積為 $V = \pi r^2 h \rightarrow h = \dfrac{V}{\pi r^2}$，表面積為 $A(r) = 2\pi r^2 + 2\pi rh = 2\pi r^2 + \dfrac{2V}{r} \rightarrow$ 依照微積分的觀點，令 $A(r)$ 的導數 $A'(r) = 0$ 即可得到表面積最小值時 r 與 h 的關係 $\rightarrow 4\pi r - \dfrac{2V}{r^2} = 0 \rightarrow 4\pi r = \dfrac{2V}{r^2} \rightarrow r^3 = \dfrac{V}{2\pi} = \dfrac{r^2 h}{2} \rightarrow h = 2r$，也就是說圓柱高等於底面積圓的直徑時（此種圓柱又稱為正圓柱），有最小的表面積，假設體積為 250ml 的圓柱體，則 $V = 2\pi r^3 \rightarrow 250 = 2\pi r^3 \rightarrow r \doteqdot 3.41$ 最小面積為 $2\pi r^2 + 2\pi rh = 6\pi r^2 \doteqdot 219.69 \ cm^2$。

【球體的討論】

假設球體的半徑為 r，則球體的體積為 $\dfrac{4}{3}\pi r^2$，表面積為 $4\pi r^2$，假設欲製造容量為 250ml 的球體飲料包，則其表面積約為 191.92 cm^2。

【正四角柱、圓柱及球體的比較】

綜合上面討論，我們意外發現在相同體積之下，球體所使用的表面積小於圓柱體的表面積；而圓柱體的表面積還比正方體更小。看了這個結果我們是否對於現行的飲料包裝有些疑問，既然球體可使用的表面積最小，為何不用球體來作包裝？其二、四角柱的飲料包為何不作成正方體？第三、圓柱體的飲料其高度 h 大多大於其直徑 r，為何少見正圓柱體的包裝？其實製作包裝的成本除了表面積的考量也必須考量開發模具的成本，球體的表面積最小，但廠商要開發一個球型的模具所費不貲，況且球形表面圓滑，無法穩固的擺在桌上；再者，同樣體積的正方體及長方形柱體（如下圖），多數人

會認為右者體積較大。

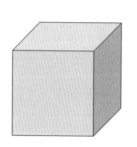

圖十：正立方體

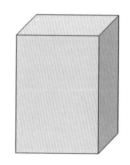

圖十一：非正立方體

　　其實這是錯覺的關係，但是事實上可能就會造成銷售量不一的情況，這牽扯到消費者心裡學的部份，但是別忘了鋁箔包上下方還有封口表面積尚未計算進去，以及事實上鋁箔包的成份有好幾層，製作時必須兼顧各材質的成本，或許這也是鋁箔包不作成正方體的其中一個原因。再來看看圓柱的包裝，事實上圓柱的上圓柱的上下底面與側面使用的材質厚度不盡相同，也許側面使用較薄的材質可以節省成本，所以廠商會在鋁罐的側面積使用教多的材料，所以這是鋁罐多為瘦高狀（$h > 2r$）的原因。另外考量到除了飲料包裝本身的表面積之外，還考慮裝箱的問題，例如四角柱的包裝在紙箱內可以完全被包住不會有任何殘餘的空間，而圓柱體的包裝會留下許多空間，例如同樣都是裝 24 罐，所用的紙箱大小就會不同，如下圖。

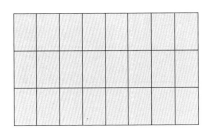

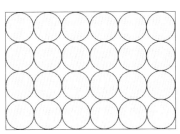

圖十二：24 罐鋁箔包裝箱圖　　　圖十三：24 罐鋁罐裝箱圖

　　至於談到為何要有鋁箔包和鋁罐的差別？為何不都使用同一種材質？為何鋁箔不作成圓柱狀？反之鋁罐為何不作成四角柱狀？或許這些問題與數學沒什麼關聯，但對一項產品的產生若能夠多瞭解，則有助於增進我們日後觀察事物的能力。另外市售食品包裝還有紙加塑膠類製品的包裝，這與所裝的食品特性以及其保存期限有關，例如些食品為了講求新鮮，所以不使用鋁箔包，保存期限較短；而汽水類飲品裝在鋁箔包容易因氣體壓力關係易使包裝膨脹，故使用鋁罐裝比較好。鋁箔包接近紙類材質，使用柱狀設計會比圓柱狀穩固，而鋁罐類金屬製品材質較堅硬，或許在模具製造及組裝上的成本圓柱狀會比角柱狀為低的關係。

　　不知下回您在超商買飲料時，會不會改變您對包裝選擇的看法！

加油也要精打細算！

【善用優惠，省荷包】

油價居高不下，為了想要省錢而辦加油卡的民眾，愈來愈無法達到省錢的目的。銀行業者指出，現在想要在每次加油時省個便當錢，應該是鎖定加油站，看看與哪些銀行合作，選擇使用降幅最大的信用卡，且隨著經營成本提升，持卡人若想獲得最大優惠，應該快快學會「自助加油」。

中國石油與中國信託的加油聯名卡日前續約，中國信託強調，自明年2月起，將推出全新的優惠方案，不過，中油聯名卡是目前唯一不以直接降價吸引持卡人的聯名卡，而是以給予雙倍紅利點數優惠持卡人。

採取直接降價的聯名卡，如永豐銀行的全國 GO！LIFE 聯名卡、遠東台塑聯名卡、新光銀行的新光 GU 聯名卡、玉山山隆優油卡，發卡初期多以每公升3、4元的降幅吸客，但直到今年第四季，降價幅度最高僅剩全國 GO！LIFE 聯名卡、玉山山隆優油卡，週二每公升降2元，新光 GU 聯名卡甚至只剩0.8元，直接降價的誘因大幅降低。事實上，各加油站為了吸引開車族加油，發卡銀行為了吸引持卡人用卡加油，紛紛合作提供降價優惠，而且優惠幅度甚至也不比聯名卡差。

以聯邦銀行為例，持卡人於今年第四季，只要持聯邦信用卡（含金融卡）加油，至全台「全國」、「福懋」等連鎖加油站，每公升可降1.3元；至「台亞」、「鯨世界」、「西歐」等加油站，每公升降1元；台北富邦銀行持卡人至「台

「亞」刷富邦信用卡，人工加油汽油每公升也可降 1 元。

　　銀行業者指出，想要獲得最大的優惠，開車族可試試自助加油，以「台亞」為例，持遠東台塑聯名卡，自助加油天天降 2 元、台北富邦銀行、台中銀行等信用卡，自助加油每公升可降 1.7 元，聯邦銀則是降價 1.5 元。

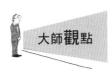

大師觀點

　　在世界任何角落，汽、機車成為人們的最主要的代步工具，坊間有許多加油站，除了國營加油站，還有許多民間加油站。業者為了招攬生意和業績，就會推出不同的加油優惠方案，包括折扣、加油送點券（可兌換日常用品或免費洗車）等吸引民眾前往加油。民眾為了節省荷包，就會精打細算，看看哪一家的優惠方案最適合自己來作選擇。

　　若是加油送現金回饋或有折扣，當然最實質的紅利就是金錢；若是送點券得到的是日常用品或免費洗車等服務。無論是何種優惠方案，都跟數學有關係，尤其近日各項民生物資水漲船高，無論民眾在加油上或是點數兌換贈品等，無不精打細算。以下筆者舉例說明如何發揮點券的最大功用及油要怎麼加才划算等。

加油站點券的數學問題：

　　汽車也是本人仰賴的交通工具，在我的居住地通常只有特定加油站的汽車加油有送點券，機車加油並沒有贈送。送點券的方式如下：加油滿 1 公升可對兌換 1 點、加油滿 2 公

升可兌換 2 點，假使未滿 x 公升者以小於 x 的最大整數（x －
1）來計算點數，其餘依此類推。假設加了 37.6 公升，就可
兌換 37 點。

　　累積點數可以兌換免費洗車或者兌換日常生活品，例如
累積滿 120 點就可以兌換洗車一次。因此筆者利用加油送的
點券累積滿120點或超過120點就會找時間替愛車保養一下。
每次要洗車前，打開所有的點券，每一張的點數不見得都會
一樣，因此筆者經常東湊西湊盡量湊成 120 點，若無法剛好
滿 120 點就盡量不要超過太多點數，因為超過的點數加油站
並不會退給你，所以要兌換洗車或物品的民眾最好是將點湊
到剛剛好再去換比較不會有損失。

　　有回筆者準備要將愛車開去洗時，拿了手邊的 13 張點
券，每一張的點數有些一樣、有些不同，放上照片如下：

XX 加油站的點券樣式

項　次	點　數	贈　品　名　稱
1	120 點	人工洗車乙次
2	200 點	統一龜甲萬甘醇醬油 500cc 壹瓶
3	200 點	台化洗潔精 2 瓶 *500cc
4	300 點	波爾礦泉水 -12 瓶 600cc
5	300 點	台塑纖手洗手乳
6	400 點	正隆純漿面紙 10 盒 *80 抽

7	400 點	台塑環保洗衣粉 二盒 *750g
8	400 點	高級純棉毛巾 4 條裝
9	500 點	黑人超氟牙膏 2 支裝
10	500 點	台塑地板清潔劑
11	500 點	妙管家洗衣槽去污劑
12	600 點	日本進口面紙 5 盒 *200 抽
13	600 點	毛寶衣物柔軟精 3200ML
14	600 點	礦泉水一箱 (24 罐裝)
15	600 點	毛寶洗衣精 1 瓶 *3500cc
16	700 點	日本進口瓷盤 -6 塊裝
17	700 點	毛寶冷洗精 *2 瓶裝
18	850 點	泰山橄欖蔬菜調合油
19	850 點	多芬 Dove 沐浴乳 -750ML
20	1900 點	福懋防風夾克 1 件 *XL/L/M
21	2400 點	台塑環保洗衣粉 - 箱裝 (16 盒)

XX 加油站點券兌換商品表

其中 19、22、28、30、33、34 及 38 的點數各 1 張，24、26 及 29 的點數各 2 張，共 13 張。通常人們都會隨意拿幾張加加減減看看是否剛好湊足 120 點，若是比較沒有數學概念的民眾有時不知道自己手上的點券可以剛好湊足 120 點，就隨便湊成 123 點，那麼多出來的 3 點其實就浪費掉了。

究竟有沒有更好的方法可以用來解決此種惱人的問題呢？不妨將手邊有的點券表格化，由於這 13 張得點數大都在 30 點的上下，因此筆者將 30 點設為基準點 0，29 點就以－1 表示、32 點以＋2 表示，餘類推。

由於筆者是以 30 為基準，因此只要從上述表格湊出四個數字加總為零便可找出是哪四張（從中灰色區塊部份挑選），例如 28 點 1 張、29 點 2 張及 34 點 1 張（圖中黑底框部份），28 ＋ 2×29 ＋ 30 ＝ 120（第一種）。

點數	19	22	24	26	28	29	30	33	34	38
張數	1	1	2	2	1	2	1	1	1	1
數字	-11	-8	-6	-4	-2	-1	0	+3	+4	+8
轉換			-6	-4		-1				
備註			2張	2張		2張				

　　除此之外，有沒有別的組合呢？我們看看下圖，也可選擇 24 點的 2 張、34 點及 38 點的各 1 張（第二種）。

點數	19	22	24	26	28	29	30	33	34	38
張數	1	1	2	2	1	2	1	1	1	1
數字	-11	-8	-6	-4	-2	-1	0	+3	+4	+8
轉換			-6	-4		-1				
備註			2張	2張		2張				

　　當然，也可以選擇 19 點、30 點、33 點及 38 點各 1 張（第三種）。

點數	19	22	24	26	28	29	30	33	34	38
張數	1	1	2	2	1	2	1	1	1	1
數字	-11	-8	-6	-4	-2	-1	0	+3	+4	+8
轉換			-6	-4		-1				
備註			2張	2張		2張				

以下是其他方式的選擇（第四種）：26 點張、30 及 38 點各 1 張。

點數	19	22	24	26	28	29	30	33	34	38
張數	1	1	2	2	1	2	1	1	1	1
數字	-11	-8	-6	-4	-2	-1	0	+3	+4	+8
轉換			-6	-4		-1				
備註			2張	2張		2張				

第五種：22、26、34 及 38 各 1 張。

點數	19	22	24	26	28	29	30	33	34	38
張數	1	1	2	2	1	2	1	1	1	1
數字	-11	-8	-6	-4	-2	-1	0	+3	+4	+8
轉換			-6	-4		-1				
備註			2張	2張		2張				

第六種：28、29、30 及 33 各 1 張。

點數	19	22	24	26	28	29	30	33	34	38
張數	1	1	2	2	1	2	1	1	1	1
數字轉換	-11	-8	-6	-4	-2	-1	0	+3	+4	+8
			-6	-4		-1				
備註			2張	2張		2張				

第七種：24、28、30 及 38 張。

點數	19	22	24	26	28	29	30	33	34	38
張數	1	1	2	2	1	2	1	1	1	1
數字轉換	-11	-8	-6	-4	-2	-1	0	+3	+4	+8
			-6	-4		-1				
備註			2張	2張		2張				

第八種：19、29、34 及 38 各 1 張。

點數	19	22	24	26	28	29	30	33	34	38
張數	1	1	2	2	1	2	1	1	1	1
數字轉換	-11	-8	-6	-4	-2	-1	0	+3	+4	+8
			-6	-4		-1				
備註			2張	2張		2張				

第九種：24、29、33 及 34 各 1 張。

點數	19	22	24	26	28	29	30	33	34	38
張數	1	1	2	2	1	2	1	1	1	1
數字轉換	-11	-8	-6	-4	-2	-1	0	+3	+4	+8
			-6	-4		-1				
備註			2張	2張		2張				

第十種：29 點 2 張、24 及 38 各 1 張。

點數	19	22	24	26	28	29	30	33	34	38
張數	1	1	2	2	1	2	1	1	1	1
數字轉換	-11	-8	-6	-4	-2	-1	0	+3	+4	+8
			-6	-4		-1				
備註			2張	2張		2張				

　　以上是四張一組的情況，那麼可否由五張湊出 10 點呢？或許我們可以從這樣的角度來思考：30（中心數）×5（張數）－ 30（5 張的數字轉換部份總和）＝ 120 點。我們可以找到以下的組合。

第十一種：19、22、24、26 及 29 各 1 張。

點數	19	22	24	26	28	29	30	33	34	38
張數	1	1	2	2	1	2	1	1	1	1
數字 轉換	-11	-8	-6	-4	-2	-1	0	+3	+4	+8
			-6	-4		-1				
備註			2張	2張		2張				

　　那麼可否用六張湊出120點呢？我們用同樣的方式思考：
30（中心數）×6（張數）－ 30×2（6張的數字轉換部份總和）
＝ 120 點。但是將上表所有的負數加總是－ 43，負數點的和
不到 60 點，所以不可能用六張湊出 120 點！

　　同樣的可否用三張湊出 120 點呢？ 30（中心數）×3（張
數）＋ 30×（3張的數字轉換部份總和）＝ 120 點。我們發現，
最大的組合為 30×3 ＋ 3 ＋ 4 ＋ 8 ＝ 30×3 ＋ 15，還不足以湊
出 120 點。

　　或許讀者會嚇一跳，經過這樣的變化總共有十一種。而
且經過這樣的方式可以清楚又快速的找出組合的樣式。但是
此時又有個問題，假設蒐集來的點券全部都是準備用來洗車
的話（每次 120 點），第一次我用了上面的其中一種組合，
剩下的張數可否湊出另一個 120 點呢？

　　為了解決這個問題，我們可以試著找出這十一組樣式
中，數字（點券）不會衝突者的組合。為了方便我們解決問
題，可以將這十種樣式以更簡單的方式來呈現如下，其中相
同點數有兩張的以紅字作記號。

-1	-2
-1	+4

第一種

-6	+8
-6	+4

第二種

-11	+3
0	+8

第三種

-4	0
-4	+4

第四種

-4	+4
-8	+8

第五種

-1	0
-2	+3

第一種

-2	0
-6	+8

第二種

-1	+4
-11	+8

第三種

-1	+3
-6	+4

第四種

-1	-6
-1	+8

第五種

-1	-6	-11
-4	-8	

第十一種

從上面十個表格中，我們可以從第一個表格開始與其他九組表格配對，配對的原則是兩組表格（加起來共八張點券）中，各點數的張數不可超過原有的張數。經過逐一配對之後，共發現八組配對模式。也就說，每一種的配對組合中，這兩組數字所用到的點券不會互相衝突，如此一來第一次洗車時可以使用第一種組合，第二次洗車時便可使用第二種組合。現在將此八種組合以表格的方式呈現如下，每一個表格代表一種配對方式，其中的兩組數字以不同顏色的框來表示。

第一種組合（第一組＋第三組）。

點數	19	22	24	26	28	29	30	33	34	38
張數	1	1	2	2	1	2	1	1	1	1
數字轉換	-11	-8	-6	-4	-2	-1	0	+3	+4	+8
			-6	-4		-1				
備註			2張	2張		2張				

第二種組合（第二組＋第六組）。

點數	19	22	24	26	28	29	30	33	34	38
張數	1	1	2	2	1	2	1	1	1	1
數字轉換	-11	-8	-6	-4	-2	-1	0	+3	+4	+8
			-6	-4		-1				
備註			2張	2張		2張				

第三種組合（第五組＋第六組）。

點數	19	22	24	26	28	29	30	33	34	38
張數	1	1	2	2	1	2	1	1	1	1
數字轉換	-11	-8	-6	-4	-2	-1	0	+3	+4	+8
			-6	-4		-1				
備註			2張	2張		2張				

第四種組合（第六組＋第八組）。

點數	19	22	24	26	28	29	30	33	34	38
張數	1	1	2	2	1	2	1	1	1	1
數字轉換	-11	-8	-6	-4	-2	-1	0	+3	+4	+8
			-6	-4		-1				
備註			2張	2張		2張				

第五種組合（第七組＋第九組）。

點數	19	22	24	26	28	29	30	33	34	38
張數	1	1	2	2	1	2	1	1	1	1
數字轉換	-11	-8	-6	-4	-2	-1	0	+3	+4	+8
			-6	-4		-1				
備註			2張	2張		2張				

第六種組合（第四組＋第九組）。

點數	19	22	24	26	28	29	30	33	34	38
張數	1	1	2	2	1	2	1	1	1	1
數字轉換	-11	-8	-6	-4	-2	-1	0	+3	+4	+8
			-6	-4		-1				
備註			2張	2張		2張				

第七種組合（第十一組＋第六組）。

點數	19	22	24	26	28	29	30	33	34	38
張數	1	1	2	2	1	2	1	1	1	1
數字轉換	-11	-8	-6	-4	-2	-1	0	+3	+4	+8
			-6	-4		-1				
備註			2張	2張		2張				

第八種組合（第十一組＋第七組）。

點數	19	22	24	26	28	29	30	33	34	38
張數	1	1	2	2	1	2	1	1	1	1
數字轉換	-11	-8	-6	-4	-2	-1	0	+3	+4	+8
			-6	-4		-1				
備註			2張	2張		2張				

第九種組合（第十一組＋第九組）

點數	19	22	24	26	28	29	30	33	34	38
張數	1	1	2	2	1	2	1	1	1	1
數字	-11	-8	-6	-4	-2	-1	0	+3	+4	+8
轉換			-6	-4		-1				
備註			2張	2張		2張				

　　現在又有個問題，原本手上有 13 張點券，可否有可能分成 3 組各 120 點呢？這問題可以從上述九種組合再去作延伸討論。怎麼說呢？我們可以逐一檢查這九種中，每一種情況剩下的張數是否可再湊成 1 第三個 20 點。

　　由於第一種至第六種樣式中，剩下的五張都是負數，因此將剩下的點券任意拿四張組合都不可能湊成 120 點。但是別忘了，剩下的五張是否有可能湊成 120 點呢？假設原本的 13 張的總和為 X，每一種扣掉兩組 120 點後，剩下 X － 240 點，所以這六種剩下的點數和都會一樣，這六種剩下的五個負數加起來是 － 28，所以剩下的點數皆是 30×5 － 28 ＝ 122 點。若將剩下的 122 點拿去洗車，將會浪費 2 點。（若是不想浪費這 2 點，可以累積下次的點數再來合併使用）

　　第七種至第九種樣式中，剩下的四張點券數字和也是 122 點，所以假設想在這 13 張點券（總共 120×2 ＋ 122 ＝ 362 點）發揮最大的經濟效益，由於 362÷3 ＝ 120 餘 2，此五種都是最佳解。

　　那麼，有沒有一種情況同樣是 13 張點券，數字和亦是 362 點，可以洗三次車子（花掉 120×3 ＝ 360 點），剩下的 2 點不會浪費掉呢？這問題很容易，只要剛好 13 張點券中，正好有一張是 2 點，其餘的 12 張正好可以分成三組 120 點就行啦！

　　寫到此不知道讀者是否有發現到以上的九種組合中，並沒有第十組（指的是第一次洗車的樣式的第十組）的出現。現在我們專門來探討第十種的樣式，假使筆者第一次洗車用掉第十組的方法，接下來是否可以順利在分成兩組洗車？或是只能洗一次呢？我們再看下第十組的樣式：

第十種：29 點 2 張、24 及 38 各 1 張。

點數	19	22	24	26	28	29	30	33	34	38
張數	1	1	2	2	1	2	1	1	1	1
數字轉換	-11	-8	-6	-4	-2	-1	0	+3	+4	+8
			-6	-4		-1				
備註			2 張	2 張		2 張				

　　從上表可以得知，剩下的九張數字轉換部分為－ 11、－ 8、－ 6、－ 4、－ 4、－ 2、0、3 及＋ 4。由於已經用掉了 120 點，剩下 362 － 120 ＝ 242 點。雖然此組剩下的點數無法再分為 120 ＋ 122 ＝ 242 點。但是如果可以分為 242 ＝ 121 ＋ 121 點的話，仍然可以再洗兩次車。經過研究，我們可以將剩下的分成兩組：（－ 11、－ 8、－ 6、－ 4、0）及（－ 4、－ 2、3、4），轉換成點數分別剛好是 121 和 121，正好也可以再洗兩次車子（只不過這兩次各會浪費掉 1 點）。

其他的組合：

　　以上所述是討論最佳解的各種情況，但是一般民眾或是對數學敏感度不高的人，或許第一次洗車時會隨意挑幾張只要大於或等於 120 點就可以了，例如說，第一次他會挑選這樣的組合：

＊ 28、29、33、34 一組。

點數	19	22	24	26	28	29	30	33	34	38
張數	1	1	2	2	1	2	1	1	1	1
數字轉換	-11	-8	-6	-4	-2	-1	0	+3	+4	+8
			-6	-4		-1				
備註			2張	2張		2張				

若第一次選擇 28 ＋ 29 ＋ 33 ＋ 34 ＝ 124 點，則剩下九張的點數和為 362 － 124 ＝ 238 點。剩下的 238 點可以洗兩次車嗎？238÷2 ＝ 119，無法再洗兩次車。也就是說，剩下的九張點券只能再湊出一次的洗車點數，例如第二次挑選橘色部份的數字：

點數	19	22	24	26	28	29	30	33	34	38
張數	1	1	2	2	1	2	1	1	1	1
數字轉換	-11	-8	-6	-4	-2	-1	0	+3	+4	+8
			-6	-4		-1				
備註			2張	2張		2張				

我們第二次選擇 24 ＋ 29 ＋ 30 ＋ 38 ＝ 121 點，剩下的點數和為 362 － 124 － 121 ＝ 117 點，還不夠洗第三次車子，所以必須再等待下一張的點券（大於或等於 3 點）才有辦法湊足 120 點再洗車。

將問題一般化：

現在我們可以將此問題一般化，假設有一排連續十個整數的點券，以某數字 X 為中心點，每一種點券可以重複拿取，那麼可以討論多少種解法呢？（以下各項只列舉數種，餘請讀者自行推導）

一、以 120 點兌換洗車為例。

點數	X-4	X-3	X-2	X-1	X	X+1	X+2	X+3	X+4	X+5
數字轉換	-4	-3	-2	-1	0	+1	+2	+3	+4	+5
點券代號	A	B	C	D	E	F	G	H	I	J

（一）若 X = 30，則有下列各種組合（各點券以代號表示）：
（4E）、（C＋D＋E＋H）、（A＋B＋H＋I）、
（B＋C＋G＋H）、（2×C＋2×G）…等。

（二）若 X = 20，則有下列各種組合：（6E）、（3D＋
3F）、（3B＋3H）、（B＋C＋D＋F＋G＋H）、
（2C＋2E＋2G）、（B＋C＋D＋3G）…等。

（三）若 X = 35，則有下列各種組合（只有一種）：（3J）。

二、以 200 點兌換統一龜甲萬甘醇醬油 500cc 壹瓶為例

（一）若 X = 30，則有下列各種組合（各點券以代號表示）：
考慮方程式一：30×6（張）＋20（6 張的數
字轉換部份總和）：（F＋G＋H＋I＋
2J）、（3J＋2F＋H）、（5I＋E）…等。
方程式二：30×7（張）－10（7 張的數字轉換部份總和）：
（5D＋C＋B）、（3E＋A＋B＋C＋D）…等。

（二）若 X = 20，則有下列各種組合：（10E）、（8J）、（5D
＋5F）、（5C＋5G）…等。

（三）若 X = 35，則有下列各種組合：考慮方
程式一：35×5（張）＋25（5 張的數字轉
換部份總和）：（5J）。（只有一種）
方程式二：35×6（張）－10（6 張的數字轉換部份總
和）：（4C＋2D）、（2A＋2D＋2E）、（3B＋
D＋2E）、（3C＋A＋2E）…等。綜合以上所述，
隨著點數及 X 的不同，組合的結果也會不同。表列只

是一般化的部份結果，使用時還是以實際的點券數及張數為主。

【　動動腦時間：加油也算精打細算！　】

一、　以下是加油站點券的樣張（780 元，28 點），請問當時的油價為何（每公升多少錢，請機答案取到小數點以下第三位數）？（加油每滿 1 公升可以兌換 1 點，未滿 1 公升部分無法兌換點數）

【解】

二、有一天小明的手機收到一則有關加油優惠的簡訊：「汽油每公升天天降 $1.8 元，XX 卡友到 173 家 Y 與 Z 加油站，享降價持續到 98/12/13，需單次單車加滿 10 公升，條件限制可參閱 XX 銀行網站」。此時小明正好想去加油站加油，可是身邊剛好有一張相同加油站的 95 折折扣卡，假設小明欲加 20 公升的油，應該使用哪一種優惠方式？此提的答案是否與當週的浮動油價有關係？

【解】

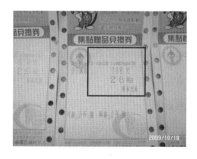

　　附上空白表格，假使讀者有類似的需求，可參考此表格來找出合適的組合。

點數							
張數							
數字轉換							
備註							

【 動動腦解答 】

一、據題意，假設油價為每公升 X 元。點券是 28 點，代表實際上所加的油可能大於或等於 28 公升，但未滿 29 公升，因此可以列出不等式：

二、假設油價為 X 元／公升，則方案一的花費為 20×（X － 1.8）＝ 20X － 36；方案二的花費為

　　20×X×0.95 ＝ 19X。假設方案一比較便宜，則可列出不等式為：

　　20X － 36 ＜ 19X → X ＜ 36 元／公升；假設方案二比較便宜，則可列出不等式為：

　　20X － 36 ＞ 19X → X ＞ 36 元／公升。也就是說，當週浮動油價若低於 36 元／公升，則使用

　　XX 銀行的卡比較划算；若當週浮動油價若高於 36 元／公升，則使用 95 折的卡較便宜。

　　接下來我們將此解一般化，假設油價為 X 元／公升，加了 Y 公升的油。

（一）若 Y ＜ 10，如此方案一沒有優惠，必須付費 XY；方案二需付費 Y×X×0.95 ＝ 0.95XY，方案二比較便宜。

$$28 \leqq \frac{780}{X} < 29 \rightarrow 28X \leqq 780 < 29X \rightarrow 780 < 29X$$

及 $28X \leqq \dfrac{780}{29} < X \leqq \dfrac{780}{28} \rightarrow 26.897 < X \leqq 27.857$

A：$26.897 < X \leqq 27.857$ 元 / 公升。

（二）若 $Y \geqq 10$，方案一需付費 $Y \times (X - 1.8) = XY - 1.8Y$；

方案二需付費 $Y \times X \times 0.95 = 0.95XY$，若方案一比較便宜，則可列出不等式如下：

$XY - 1.8Y < 0.95XY \rightarrow X - 1.8 < 0.95X \rightarrow 0.05X < 1.8$
$\rightarrow X < 36$；

若方案二比較便宜，則可列出不等式如下：

$XY - 1.8Y > 0.95XY \rightarrow X - 1.8 > 0.95X \rightarrow 0.05X > 1.8$
$\rightarrow X > 36$。

騙人的算式！

【6÷2（1+2）答案為何？考倒國內百萬人】

一題看似簡單的國小四則運算 6÷2（1+2），竟然難倒近三百多萬人，答案究竟是 1 還是 9？臉書上兩派網友爭論不休。

日前有網友在臉書的民調功能上徵求 6÷2（1+2）的正確答案，經過一個月的投票，發現有將近 155 萬的網友覺得答案是 1，而認為答案是 9 的則有兩百多萬人。據了解，造成兩種不同答案的關鍵在算式中 2（1+2）到底是先算還是後算，如果先算等於 6，那麼答案就是 6÷6 等於 1；但若是後算，此題就會變成 6÷2x3，答案是 9。

國小數學老師表示，根據四則運算原則，除了「先乘除後加減，有括號先算」的觀念之外，由於乘除位階相同，因此同時出現時，運算時需「由左至右」依順序計算，因此這題化簡後算式是 6÷2x3，正確答案是 9。

有學者認為這個題目題意不清，才會有答案爭議，不過教育部與部分教師則表示，此狀況顯示數學教育對於學生運算邏輯的訓練不足，有必要再加強。

其實這題在筆者看來是沒啥問題，也沒有所謂的題意不清的問題，只是此題運用到「x」號在四則運算中可以省略的問題，導致原本簡單的算式變成容易誤導人以致算錯的問題。此題的原貌應為：6÷2x（1＋2）＝15，但「x」號在數字與括弧中間可省略不寫，所以變成了 6÷2（1＋2），這樣的算式容易讓人以如此的方式計算：6÷[2（1＋2）]，

所以算出的答案便成了 1。

　　從這則新聞得知算錯的，不，應該說被騙的竟有 155 萬人，由此可見此題的娛樂效果頗高，現在大師出道題給讀者解解看，小心點算，可別被騙了喔！請問 30÷2(2+3)÷5 是多少？

　　也就是說，當週浮動油價若低於 36 元 / 公升，則使用 XX 銀行的卡比較划算；若當

　　週浮動油價若高於 36 元 / 公升，則使用 95 折的卡較便宜。

（三）若 Y ≧ 10，兩個方案價錢都一樣時，則可列出等式：$XY - 1.8Y = 0.95XY \rightarrow X - 1.8 = 0.95X \rightarrow 0.05X = 1.8 \rightarrow X = 36$。

　　當油價為 36 元 / 公升時，兩個方案的價錢是一樣的。

三、略。（讀者可依照實際擁有的點券數來田此表格自行分析）

什麼是「褟褟米」？

【台灣最低居住水準 至少8張褟褟米大】

　　房價居高不下！高房價造就「籠民」，根據內政部草擬的「最低居住水準」，獨居處小於8個褟褟米大，或居住單元內沒浴廁，都未達居住低標。

　　台灣都會區高房價，北部地區出現處境有如「籠民」的年輕上班族，聚居的雅房每間最小僅0.83坪，以內政部研擬的「最低居住水準」來看，遠低於台灣基本居住的標準。

　　營建署依據社會經濟發展、公共安全及衛生、居住需求首度訂定的「最低居住水準」草案，將和「住宅法」在今年底同步上路，作為未來住宅政策規劃及租金補貼依據。

　　最低居住水準的衡量指標包括：平均每人最小居住的樓地板面積、每一居住單位具備浴廁。營建署官員表示，必須達到上述2項指標，才符合最低居住水準。

　　根據草案，獨居者基本居住樓地板面積至少應3.96坪，約8張褟褟米大；小倆口至少應5.28坪，3口之家至少應6.6坪，4口之家至少應9.13坪，5口之家至少應11.18坪，家有6口以上者至少應12.5坪；居住水準每4年檢討修正。

　　營建署官員表示，未達最低居住水準沒有罰則，營建署將採鼓勵作法助民眾改善，例如作為未來租金補貼的參考，低於最低居住水準者將列為優先排序。

大師觀點

　　每當人們問到「一坪有多大？」時，往往得到的答案是這樣「一坪就大約兩個褟褟米大」。大家以為褟褟米來自日本文化，其實它是源自中國古代。當時人們稱之為「疊蓆」，因為傳到日本後「疊蓆」的「疊」一字日文的發音為「ta ta mi」，所以中文就管它叫「褟褟米」（台灣目前有很多物品的名稱其發音皆來自日本發音）。褟褟米在日本也有不同的尺寸，但最多的是一個褟褟米的寬與長分別為 90 公分與 180 公分，相當於今日的單人床。兩個褟褟米就等於 1 坪，也就是說，一張單人床大約是 0.5 坪。在中國早一輩的人士在估測空間大小就是估測此空間大概約幾個褟褟米的大小。

　　在日本也有如同中國文化般的講究風水，這不足奇，因為日本有許多文化也是從中國傳過去的。在日本的室內空間裡，褟褟米的擺設必須講求風水，在一般住家或空間不大的地方，褟褟米的疊法不可有四個直角合併的地方，如下兩圖皆為風水上的忌諱：

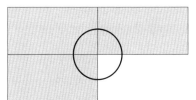

圖：三塊褟褟米

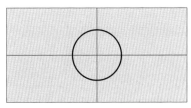

圖：田字型褟褟米

　　不過改成下左圖的樣子應該就可以避免掉風水問題，儘管如此日本人為避免這樣的空間出現（四疊：360 公分 ×180 公分），以免有人會排出田字型而衍生風水問題。所以日本的室內空間中「茶室」，也就是台灣稱的「和室」至少也有四疊半的空間，所謂四疊半也就是 4.5 個褟褟米的大小（一個褟褟米稱為一疊），那麼 4.5 個褟褟米可以排成正方形嗎？

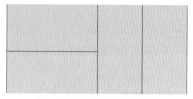

圖：將圖五變換鋪設方式

圖：空間的切割

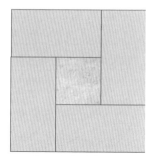

圖：和式的鋪設

　　我們可以將 4.5 個褟褟米拆成 9 個半塊褟褟米，因為 9 為 3 的平方，所以四塊半的褟褟米可以排成如圖八的形狀（中間的半塊褟褟米可改成方桌，便於泡茶或作其他用途），這也是中、日家庭的茶室或和室很常見的疊法。除此，褟褟米在日本流行之故，也由於褟褟米不好切割（頂多只有 0.5 塊的褟褟米），故室內空間大小都要遷就於褟褟米的塊數，也就是日本室內空間的長與寬都是 90 公分的倍數。

假設小強有個九坪大的正方形房間，需要用褟褟米（共18個）全部鋪滿，在不影響風水（不可出現四個直角）的情況下

請任意擺出所需的可能圖案出來。答案其實只有下列一種排法。

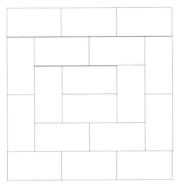

由於褟褟米在這時代已很少見，多半民眾多以「坪」這概念來計算空間大小，需要購屋的民眾更需要有空間大小的概念。實際看屋時除非您隨身攜帶測量工具及計算機，否則估測的能力很重要。通常不管新舊屋，大部分的地板都有鋪設地磚，只要利用地磚的尺寸及估算該空間的格子數就可大約算出該空間的大小，或者以部份推估全體。以臥室為例，標準雙人床的尺寸大約是 150 公分 ×180 公分。這尺寸並不難記，因此要估算臥室大小，只要以雙人床的尺寸為基準來估算便可。例如底下是小如的房間，房間有雙人床，請試著估算小如的房間大約有幾坪？

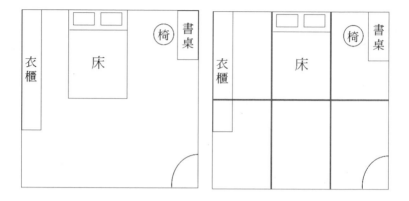

　　房間的寬為床的三倍，房間的長為床的兩倍，一平方公尺大約等於 0.3 坪，則房間的面積為 4.5×3.6×0.3 ＝ 4.86 坪，也就是大約 5 坪。有興趣的讀者不妨把各種建案的平面圖拿來估算一番，相信您估測的實力將會大為提昇。

歡喜中「特獎」！

【統一發票中獎人數，創歷史新高】

統一發票中獎人數創新高！財政部賦稅署王進財日前宣布，9 至 10 月統一發票開獎，國內再添 13 名千萬富翁，2 百萬特獎則有 14 人，相加共有 27 人，是統一發票史上中獎人數最多的一次。

王進財說，本期統一發票千萬獎特別號為「15719324」，排除空白、作廢、金額不符，或買受人登記為營業人等的發票後，千萬特別獎共有 13 張，僅次於 100 年 3、4 月的 15 張，中獎人數排名第二；而 200 萬元的特獎號碼是「11661657」，中獎張數更高達 14 張。

101 年 9 至 10 月期統一發票，已在 11 月 25 日開出中獎號碼。王進財說，這一期特別的是，由百貨公司開出的比例頗高，千萬元特別獎開出 4 張，占總張數比例為 31％；而超商中獎率也有回升，共有 4 家開出，全家及統一超商各半。

王進財指出，本期統一發票千萬元特別獎及 200 萬特獎，開出地點除了常見的超商、超市外，另也有獨資營利事業、汽車營業所、台鐵餐飲販賣部及加油站等處，開出大獎。以區域別觀察，五大直轄市仍包辦區域開獎大贏家，千萬大獎中獎人合計高達 10 人，中獎率高達 77％，得獎幸運兒遍佈北中南，其中以新北市 4 人為最多；200 萬特獎方面，五都中獎率也高達 64％，共 9 人得獎，其中以高雄市中獎 3 人最多。

　　財政部指出,截至本期為止,千萬大獎已開出 107 張,已創造 83 位千萬富翁,其中 100 年 1 至 2 月、11 至 12 月,以及 101 年 7 至 8 月等三期,兌獎率百分百,但也有 24 名中獎人和財神爺擦身而過,已無法兌領中獎獎金。

　　財政部提醒得獎人,記得要在明年 3 月 5 日兌獎期限前,向各縣市經指定的郵局兌獎,不要讓幸運之神,輕易從身邊溜過。

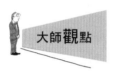

大師觀點

　　政府自民國 38 年開始規定商家開立統一發票至今以逾七十個年頭,每單月的廿五日便是大家一起興沖沖的拿著統一發票對獎的全民運動日,特獎金額也從以前的新台幣兩百萬變成一千萬,中獎民眾莫不歡欣鼓舞。

　　那麼中統一發票特別獎比較容易還是中威力彩比較容易呢?十之八九的人一定回答統一發票,為何呢?可能大家會以頭獎獎金高低來推論中獎機率,再者公益彩券時常「槓龜」也給人很難中獎的感覺,但果真是如此嗎?大師算給你看.

獎別	中獎號碼
特別獎	15719324 同期統一發票收執聯 8 位數號碼與上列號碼相同者獎金 1,000 萬元
特獎	11661657 同期統一發票收執聯 8 位數號碼與上列號碼相同者獎金 200 萬元
頭獎	64718986、49313179、29736314 同期統一發票收執聯 8 位數號碼與上列號碼相同者獎金 20 萬元
二獎	同期統一發票收執聯末 7 位數號碼與頭獎中獎號碼末 7 位相同者各得獎金 4 萬元

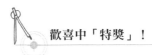

三獎	同期統一發票收執聯末 6 位數號碼與頭獎中獎號碼末 6 位相同者各得獎金 1 萬元
四獎	同期統一發票收執聯末 5 位數號碼與頭獎中獎號碼末 5 位相同者各得獎金 4 千元
五獎	同期統一發票收執聯末 4 位數號碼與頭獎中獎號碼末 4 位相同者各得獎金 1 千元
六獎	同期統一發票收執聯末 3 位數號碼與頭獎中獎號碼末 3 位相同者各得獎金 2 百元
增開六獎	843、927 同期統一發票收執聯末 3 位數號碼與上列號碼相同者各得獎金 2 百元

領獎期間自 101 年 12 月 6 日起至 102 年 03 月 5 日止
（資料來源：財政部稅務入口網 http:// http://invoice.etax.nat.gov.tw/ ）

　　大家有沒有注意到每期的特別獎只有一組號碼，卻有好幾人中獎，是因為發票號碼包含前面兩個英文字母，不同英文字母開頭號碼卻相同的發票視為不同發票。統一發票的編碼規則 2 位英文字 +8 位流水號數字。

　　舉例來說，AB12345678 這組號碼的第一個 A 代表期數，以英文大寫字母依序代表月份期數。並因發票種類不同 ，而有不同的排序；第二個 B 是組數代碼，因統一發票每二個月一期，用量龐大。每期依需要量，印製幾組，這不同組別，就依序用英文大寫字母排列。例如這一期的發票代碼可能為 AB、AC、AD、AE、AF…等，因地區劃分、發票種類每期（每兩個月）大約用掉廿幾組的代碼。接著看看數字部份，數字部份有八碼，從 00000000 到 99999999 共有 108 種，也就是一億種號碼，若一期以發行廿組代碼，該其發票若全數用光，則用掉了 20x 一億＝ 20 億張這麼多發票。

　　談到中獎機率，由於不同英文代號視為不同發票，因此要計算特別獎機率可單獨以一組特定的英文字母開下來討論便可，財政部稅賦署每期提供特別獎只有一組號碼，所以中特別獎的機率是一億分之一。再來看看特獎，特獎也是提供

一組號碼，代表中特獎機率也同樣是一億分之一，可是獎金比卻是五比一。

新聞提到今年9-10月這一期有13位幸運兒中特獎，這13是怎麼來的呢？中獎的這13張號碼均相同，只是英文字母開頭不一樣，假設這期發行的英文字母有廿組，扣掉有些中獎卻不能報帳，或是民眾遺失的，就是檯面上這些中獎的幸運兒囉！

前陣子威力彩連卅一槓，且每期固定提供新台幣二億元作為頭彩獎金，那麼中威力彩頭彩的機率有多大呢？威力彩券號碼分兩區，第一區有38個號碼（1-38），第二區有8（1-8）號碼，必須第一區六個號碼加上第二區一個號碼總共七個號碼全中才是中頭獎。因此以排列組合的觀點來計算共有 C(38,6)×C(8,1)=22085448 種組合，中獎機率是1/22085448，大約兩千萬分之一，遠低於統一發票特別獎的一億分之一。但重點是統一發票是購買物品的附加價值，而公益彩券必須自掏腰包購買，所以中獎機率與特別獎的比例也沒對等的關係。

話說去年也有一則有趣的新聞報導：

新竹一對夫妻很幸運，去年連續兌中24張統一發票，中了4800元，中獎不稀奇，但國稅局發現，24張中獎發票，都是由同一家便利商店開出，用機率來說，只有10億分之一⋯

大師提問

請讀者推理，這所謂的10億分之一的機率是如何推算出來的？

有趣的「日期」！

【20111102 是「世界完全對稱日」】

今天，也就是 2011 年 11 月 2 號，是有些人口中所謂的「世界完全對稱日」，所謂「世界完全對稱日」，指的是西元紀年裡，日期的數字，左右完全對稱的日期，像今天如果寫成阿拉伯數字，是「20111102」，這個日子反過來寫，也完全一樣，所以被稱為「世界完全對稱日」。

大陸媒體報導說，有許多人選在「世界完全對稱日」，在這一天，朋友們可以互送祝福，讓大家感到時間寶貴，並且珍惜時間。

大師觀點

這是一則玩弄數字的新聞，何謂對稱？在數學上來說有所為的點對稱、線對稱及面對稱，重點是若一圖形可以從中切割得到左右相同的兩半，則我們稱之為對稱圖形。如將 20111102 中間切開變成 2011-1102，就稱為對稱。

那麼請問在過去和未來有無其他「對稱日」呢？我們來研究看看：西元年月日一共八碼，我們可以假設日期為 ABCDEFGH（其中 A 設定不為零），但此日期必須要為「世界完全對稱日」，所以要改成 ABCDDCBA。考量到月的數字必須介於 1-12 之間；日的數字範圍則在 1-31 之間，月和日的數字必須互相搭配，我們發現得到的日期有：西元

1010 年一月一日，也就是 10100101、20100102、30100103、31100131、82200228、12200221、22200222…等有這麼多的「世界對稱日」！

　　古今中外，人向來喜歡拿數字開玩笑且樂此不疲，例如 11 月 11 日都是 1 組成，由於數字 1 長得像棍子，所以每年的 11 月 11 日就訂為「光棍節」，消遣單身男性。國內為了紀念 921 賑災，特別選為各級單位學校在當天舉辦防災演練，且演練時間為早上 09：21。此種例子不勝枚舉，反正僅為了博君一笑，開一笑數字的玩笑又何妨？

大師提問

　　請推算出西元 2015 年後第一個世界對稱日？

健康指數 BMI 不可不知！

【BMI 20 是胖是瘦？】

身材的黃金比例！國內外對於成年女性的身體質量指數（BMI）20 算是胖還瘦？如果在美國，應該會獲得「哇，妳好瘦好瘦」的驚嘆；但在日本，大概會被評價為「尚待努力」這一類。

具體來說，1 個 165 公分高、55 公斤的人，BMI 就是 20。醫學上的認定是，BMI 小於 18.5 的屬於「過輕」，BMI 在 18.5 至 24 之間的為「適當」，大於 24 的為「過重」。但「華盛頓郵報」的報導指出，在日本文化與媒體的影響之下，女性往往會以更為嚴苛的標準看待彼此身裁，胖瘦成為彼此較量的基準。

反應在調查結果上，自 1984 年以來，日本 20 至 59 歲的女性，有越來越多人屬於 BMI 18.5 以下的過輕一族，過胖的人則越來越少。

1984 年時，20 多歲的日本女性，過輕的人數是過胖的 2 倍；現在，過輕的人數則是過胖的 4 倍。相對於此，美國與其他工業國家的成年女性，平均體重卻越來越重。例如，美國成年女性的平均體重在過去 30 年增加了 25 磅（11.35 公斤），過胖的比例也由 1980 年的 17% 倍增到 35%。

大師觀點

世界上測量體重是否標準的公式很多，最常用也較具指標意義的非 BMI 莫屬。何謂 BMI？中文意思是身體質量指數，BMI ＝體重（公斤）/身高（公尺）的平方，想要知道自己的體重是否標準，可將自己的身高及體重帶入公式，以大師為例，大師身高 175 公分、體重是 70 公斤，則 BMI ＝ 70/1.75² ≒ 22.9，對照成人 BMI 表可知是屬於健康體位。

由於各國國情及審美觀念不同，縱使相同的指數在不同地區也有不同的解釋，一般民眾只要在正常範圍內則不必太過擔心，若窈窕女子想要選模特兒就不一樣了，我們在電視上常看到身材纖瘦的特兒在台上走秀，就可知道業界對模特兒的 BMI 要求很高，以台灣某名模為例，她身高 174 公分，體重 52 公斤，其 BMI 值約為 17，屬於體重過輕，變成所謂的「紙片人」。過去常有許多女模為了身材失去健康的比比皆是，甚至還因營養不良喪失性命者，如前鎮子的報導南韓有位名模為走秀賣力減重，甚至瘦到連肋骨都能清楚看見，身高 178 公分的她，體重只有 48 公斤，BMI 指數 15，比標準體重還少 18.6 公斤，為了支撐身材而餓死。所幸類似新聞爆發後業界對女模的 BMI 標準稍加放寬，不再過份要求女模的 BMI。

我們時常說要體重控制，是因為在成人階段身高已不再長，所以在身高無法控制的情況下只能控制體重，與其說控制體重不如說控制 BMI 來的正確。再以大師為例，我的身高 175 公分，若我的體重想維持在正常範圍，那是多少公斤？其實此問題用簡單的不等式即可解決：假設我的體重為 x 公斤，則 $18.5 \leq x/1.75^2 < 24$　$18.5 \times 1.75^2 \leq x < 24 \times 1.75^2$　$56.7 \leq x < 73.5$，也就是說我的體重只要控制在 56.7 公

斤至 73.5 公斤內都算正常。

　　不過使用 BMI 注意，BMI 的標準值依個人年齡而異，不可混用。如孩童時期還在發育階段，生長速度快，因此每年的標準皆會隨著年齡而增加。下表提供成人及青少年、兒童的 BMI 值公大家參考。

成人肥胖定義	身體質量指數 (BMI) (kg/m²)	腰圍 (cm)
體重過輕	BMI ＜ 18.5	
健康體位	18.5 ≦ BMI ＜ 24	
體位異常	過重：24 ≦ BMI ＜ 27 輕度肥胖：27 ≦ BMI ＜ 30 中度肥胖：30 ≦ BMI ＜ 35 重度肥胖：BMI ≧ 35	男性：≧ 90 公分 女性：≧ 80 公分

成人 BMI 範圍，資料來源：行政院國民健康局健康九九網站
http://health99.doh.gov.tw/onlinkhealth/onlink_bmi.aspx

年齡	男生			女生		
	正常範圍 （BMI 介於）	過重 （BMI ≧）	肥胖 （BMI ≧）	正常範圍 （BMI 介於）	過重 （BMI ≧）	肥胖 （BMI ≧）
2	15.2-17.7	17.7	19.0	14.9-17.3	17.3	18.3
3	14.8-17.7	17.7	19.1	14.5-17.2	17.2	18.5
4	14.4-17.7	17.7	19.3	14.2-17.1	17.1	18.6
5	14.0-17.7	17.7	19.4	13.9-17.1	17.1	18.9
6	13.9-17.9	17.9	19.7	13.6-17.2	17.2	19.1
7	14.7-18.6	18.6	21.2	14.4-18.0	18.0	20.3
8	15.0-19.3	19.3	22.0	14.6-18.8	18.8	21.0
9	15.2-19.7	19.7	22.5	14.9-19.3	19.3	21.6
10	15.4-20.3	20.3	22.9	15.2-20.1	20.1	22.3
11	15.8-21.0	21.0	23.5	15.8-20.9	20.9	23.1
12	16.4-21.5	21.5	24.2	16.4-21.6	21.6	23.9
13	17.0-22.2	22.2	24.8	17.0-22.2	22.2	24.6
14	17.6-22.7	22.7	25.2	17.6-22.7	22.7	25.1
15	18.2-23.1	23.1	25.5	18.0-22.7	22.7	25.3
16	18.6-23.4	23.4	25.6	18.2-22.7	22.7	25.3
17	19.0-23.6	23.6	25.6	18.3-22.7	22.7	25.3
18	19.2-23.7	23.7	25.6	18.3-22.7	22.7	25.3

行政院衛生署兒童及青少年肥胖定義（BMI 標準）
資料來源：http://www.doh.gov.tw/cht2006/index_populace.aspx

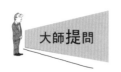

大師提問

1. 請計算自己的 BMI 值落在那一區域？
2. 新聞中提到體重單位「磅」，這是國外人常用的體重單位，試算出一磅等於多少公斤重？

但願「同月同日」生！

　　其實國內外常有同樣的例子發生，國內也曾有報導指出一家兩代都有人同月同日生，其中有 3 名小孩同一天生日，機率約 4862 萬 7125 分之 1，比中大樂透機率還低，實在不容易…

　　但是這樣的機率是正確的嗎？

【10 月 7 日　一家人「同月同日生」】

　　夫妻同月同日生已經不多見了，台東市民陳小東不但和小一歲的太太張小千同在今天生日，連他們的 2 歲女兒陳小小，也是今天生日，一家 3 口一起慶生，真是罕見，陳曉東笑說，「我們就是註定要當一家人啦！」

　　「我不信，那有這麼巧的事？」記者存疑，陳小東拿出戶口名簿，證實他們一家 3 口都是今天 10 月 7 日生日。

　　陳小東說，4 年前他經朋友介紹，認識太太張小千，有一次聊天問她何時生日，「10 月 7 日！」他大叫「和我同一天耶！」當下他們就決定要一起過生日，感情也迅速增溫，他們的朋友媒人得知，鼓勵他這是「姻緣天註定」一定要把握，交往滿一年他們攜手步上紅毯。

　　隔年太太懷孕，醫生推算預產期是 10 月 2 日，但時間到了，太太竟沒動靜，4 日肚子陣痛，他趕緊送太太就醫待產，醫生檢查後告知，時候未到，他們返家休息，6 日太太的肚子又痛了，他再送太太就醫，這次是真的要生了，但是痛了好久，一直到 7 日凌晨 4 時，女兒才生出來。

他抱著剛出生的女兒才想到，「對喔，今天是我和太太的生日！」他感動滿懷，認為女兒是老天送給他們最珍貴的生日禮物。陳小東說，和妻女同日生，是很巧妙的緣份，以後都不會忘記這一天。他和太太婚前都是兩人相約一起去吃大餐，互祝生日快樂，97 年迎接女兒誕生，生日在醫院過，去年女兒的第一個生日，3 個人一起切蛋糕，今天生日要買更大的蛋糕，晚上找女兒的阿公、阿嬤、舅公、曾祖父、曾祖母一起熱鬧同樂。

大師觀點

「不能同年同月同日生、但願同年同月同日死」是電影常出現兄弟義氣相挺、至死不渝的情節，其實世界上每一分每一秒都有好幾個人同時出生，但是分散到世界各地，小至班級或家庭，能有跟您一樣同年同月同日生的人機率就少很多。

文中提到一家三口同月同日生的機率有多大呢？由於依年有 365 天，每一位成員在某日出生的機率是 $\frac{1}{365}$，但是有 365 天可以選擇，因此三人同月同日出生的機率是 $\frac{1}{365} \times \frac{1}{365} \times \frac{1}{365}$ $= \frac{1}{133225}$，機率大約是十三萬分之一。但若要四個小孩同日生日，機率大約就是四千八百萬分之一，比中威力彩的頭獎還要難。

我們接著來操弄這個話題，假設三人都不同日出生（不一定同月）的機率是多少？首先第一位可以在 365 天當中

任選一天當作他的生日，機率是 $\frac{365}{365}$，第二位只能從剩下的 364 天選擇一天，機率是 $\frac{364}{365}$，第三位只能從剩下的 363 天選一天當作自己的生日，機率是 $\frac{363}{365}$，因此三位都不同日生的機率是 $\frac{365}{365} \times \frac{364}{365} \times \frac{363}{365} = \frac{133680}{133225}$，若將此機率與 $\frac{1}{133225}$ 相加得到 $\frac{133681}{133225}$ 還不到 1，那麼剩下的 $1 - \frac{133681}{133225} = \frac{1}{365}$ 代表何意呢？就是三位裡有兩位同日生而第三位不同日生的機率了！

若把問題移到教室裡，教室同學更多，若有人生日與您同一天的機率將大增，舉例來說若一班有十位同學的情況下，至少有一位同學生日與您同一天的機率將是 $1 - \frac{365}{365} \times \frac{364}{365} \times \frac{363}{365} \times \cdots \times \frac{356}{365} \doteqdot 12\%$；若班上有廿位同學，至少有一位與您同一天生日的機率為 $1 - \frac{365}{365} \times \frac{364}{365} \times \frac{363}{365} \times \cdots \times \frac{346}{365} \doteqdot 41\%$，機率增加不少，若班上同學增加到卅位，則至少有一位同學與您同一天生日的機率將為 $1 - \frac{365}{365} \times \frac{364}{365} \times \frac{363}{365} \times \cdots \times \frac{336}{365} \doteqdot 70\%$，依此類推，只要當班上同學到達 34 位，有同學與您同日生的機率將超過八成！

目前來看，國內中小學或大學班級人數大約如此，因此要找到班上的「有緣人」不是件困難的事！且經過計算，我們可以得到新聞報導的數字是正確與否。

四則運算容易嗎？

　　面對各式各樣的行銷、優惠方案，業者總是精打細算，玩弄數字遊戲，接下來讓我們瞧瞧業者如何操弄這些數字…

【手機資費暗藏玄機，降價看得到吃不到】

　　國家通訊傳播委員會（ＮＣＣ）一聲令下，電信業者奉命降價六％，但卻暗藏玄機！五家電信業者推出的八類資費，因資費內容為「贈送免費分鐘數」，不必隨Ｘ值調整，用戶只要在免費額度內，完全享受不到降價優惠，「有降等於沒降」，巧妙躲過ＮＣＣ促降壓力。

　　行動電話費率四月起降價，但別高興太早，民眾收到帳單時，恐會發現「好像沒有降價耶！」

月租費抵通話費　須降價六％

　　現行主要資費中，分為月租費「可抵」或「不可抵」通話費兩種。前者按照資費牌告計價，須依ＮＣＣ要求，直接降價約六％，以中華電信五八三型費率為例，若五八三元全抵網外通話，過去可抵七十七分鐘，四月起則可抵到八十二分鐘，可多抵約六％。後者雖不可抵通話費，但有免費電話可打。包括中華電信大家講；台灣大哥大在地生活、通通省、新市話；遠傳哈啦頭家、哈啦精省；威寶暢打；亞太快樂通（含嘻話）等資費，按照月租費高低，贈送最少三十分鐘免費通話。

　　以台灣大「在地生活五六八」為例，雖月租費不可抵通話費，但享區內發話一百分鐘免費。差別在於，ＮＣＣ要求業者降價前後，台灣大都是送免費一百分鐘，要打到第一〇

一分鐘，「超出的那一分鐘」起，才適用降價六％。

「ＮＣＣ被莊孝維！」手中握有二十個門號，精通各家資費設計的電信達人小虎指出，各業者近年推出的新資費，清一色都是「贈送免費通話」，用戶數眾。若未納入Ｘ值調整，ＮＣＣ促降美意無疑大打折扣，有必要要求業者「補降」。

免費額度內通話　未納入優惠

小貓建議，免費通話額度應比照Ｘ值調整。以遠傳「哈啦精省五九八」為例，原贈網外六十分鐘，等幅加六％後，至少要多送三．六分鐘才合理。

通訊行業者表示，因通話額度「用送的」，恰可規避ＮＣＣ促降要求，且未來就算礙於ＮＣＣ強大壓力，每年都得降價六％，仍舊不受影響。通訊行直言，就算電信公司將網外、市話費率降得再低，只要是免費額度內通話，降價都是「看得到、吃不到」，就算降到零元都沒用。

大師觀點

ＮＣＣ規定業者要將通話費率降低6％，我們看看業者到底如何處理這6％。簡單的說，降價6％最簡單的原則就是「服務不變，價錢直接降低6％」，可是從報導得知業者處理態度是「價錢不變，服務多6％」！不知情的民眾以為這兩種皆相同，但是大師用此兩種方式來算給你看，看看相不相同：

方案 業者	每分鐘花費 （服務不變，價錢直接降低6％）	每分鐘花費 （價錢不變，服務多6％）
台灣大哥大	583×0.94÷77 ≒ 7.1171	583÷82 ≒ 7.1098
遠傳電信	598×0.94÷60 ≒ 9.3687	598÷63.6 ≒ 9.4025

看新聞‧學數學

從上圖看來可以得到一個矛盾的結果，以台哥大業者而言，後者的花費似乎更少；但是以遠傳而言，是民眾得花更多的錢？這樣的結果不是合理的，因為台哥大業者通話時間多 6％應是 77×1.06％＝81.62 分鐘，若重新計算後者的花費則是 583÷81.62 ≒ 7.1429，花費的確會更高！那麼是否選擇「價錢不變，服務多 6％」的方案都會使得民眾花費更高呢？我們用個簡單的算式來說明：假設元方案價錢為 X 元可以通話 Y 分鐘，則前者的計算方式變成每分鐘 X×0.94÷Y；後者變成 X÷1.06Y，兩者單位相同，只要比較 0.94 與 1/1.06 的大小即可，0.94 － 1/1.06 ≒ － 0.00339622642，也就是說前者的計算方式民眾可以省更多的錢，而且應該是這樣計算才對！

大師在舉一道與此例有異曲同工之妙的例子，假設大冠的月薪三萬元，這個月由於經濟不景氣，將減薪 20％，但公司承諾將在下個月再漲 20％回來，於是大冠心想不是都一樣嗎？我們來幫他算算看：第一次減薪後薪水變成 30000×80％＝24000，下一個月變成 24000×120％＝28800，薪水比原來少了 1200 元呢！

若情況顛倒，先漲 20％再減 20％將會如何？30000×120％＝36000，36000×80％＝28800 正巧也是一樣！那麼是否類似此問題「先盛後衰」以及「先衰後盛」都一樣呢？我們同樣可以假設大冠薪水為 X 元，則前者算法為 X×120％×80％＝0.96X，後者算法是 X×80％×120％＝0.96X，兩者皆是一樣的。此種計算在餐廳裡也可派上用場，也就是說先打折再加服務費與先加服務費再打折都是一樣的價錢。其實，四則運算奇很妙吧！

— 94 —

四則運算又一則！

【直航「降價反變貴」？】

　　針對兩岸直航機票票價過高問題，公平會確定要開鍘！以沒有實質降價、影響公平競爭為理由，要對華航開罰2000萬，對長榮開罰1200萬，並且要求限期改善，公平會深入調查1年，發現航空公司雖然宣稱降價，卻把大幅降低便宜艙等的比例，等於沒有實質降價，有人甚至買到更貴的機票。

　　兩岸直航機票，明明去年開始，就大降價了，怎麼大家還是覺得貴，公平會深入調查，發現驚人的真相，原來航空公司並沒有實質降價。公平會副主委施惠芬：「經過委員會的決議，處罰長榮1千2百萬，華航2千萬。」

　　公平會宣布重罰華航與長榮，也破解他們假降價、真變貴的手法，比方台北飛上海來回，同樣是經濟艙機票，比較貴的艙等20600元降到16600元，低價倉等票價則從16100元降到13000元，看起來超划算，但公平會發現，航空公司竟然偷偷把貴的艙等座位比例從40%增加80%，低價倉等比例從60%降低到20%，所謂便宜機票，根本看得到買不到。

　　公平會委員王大雄：「但是13000（元）艙等的比例，被調到非常非常的低，你到最後被迫要去訂最高價位的（機票），反而比降價前還要高。」不只如此一般國際機票，有提供給旅行社600到1400元的後退金，就是回扣，讓旅行社可以給消費者折扣彈性。

　　但是兩岸直航機票，卻只給旅行社 150 元的後退金，讓價格僵化，旅行社無法給消費者折扣彈性。華航發言人劉國芊：「這個東西我希望了解，他們方向之後，再做回應。」公平會認為華航和長榮是刻意造成不公平競爭，才祭出千萬於以上的重罰，整整一年調查，才破解巧妙的手法。

　　這也是一種玩弄數字遊戲的手法，簡單計算一下便知曉。機票調整前的均價為 20600×0.4 ＋ 16100×0.6 ＝ 17900；調整後的均價為 16600×0.8 ＋ 13000×0.2 ＝ 15880，雖然航空公司的確有降價的誠意，但卻導致低艙等票不好買的問題發生。

　　只是說，若准許業者有整座位比例的權利，那麼在價錢固定下，有無可能調整後的均價會更貴呢？不可能！即使所有座位都調至高價位，則均價為 16600×100％ ＝ 16600，還是小於 17900。那麼如果比例不變，調整價錢呢？舉例來說 19000×0.8 ＋ 15000×0.2 ＝ 18200，如此調整均價就會比之前高且有達到降價的目的，看吧！四則運算真的很神奇吧！

第二部分

從**生活**學數學

撞球台上的學問—反射定律的應用

　　一年一度的世界盃花式撞球錦標賽開打了，在電視上我們可以看到許多的好手在撞球檯上打展球技，球檯上的球一顆一顆就像受到選手的詛咒，很聽話的碰到球檯邊之後乖乖的進洞。

　　一般說來，撞球的打法有很多種，應用到的物理及數學原理也很多。撞球中有種情況是這樣的（圖一），當母球（白色的球）欲撞擊之目標球（色球）中間有其他色球卡到時，母球就必須設法繞過中間的球來打目標球，若是不小心碰到中間的球就算犯規，遇到這種情況一般的打法就是將母球打到桌邊經過一次或一次以上的碰撞再去碰撞目標球。而我們不禁要思考球碰撞到桌邊後會從哪一方向反射？這就是我們今天要探討的課題。

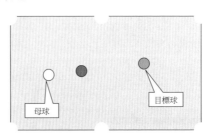

圖一

　　撞球者遇到這種情況時，只能將母球打到桌邊經過一次碰撞（俗稱一顆星），再碰到目標球，由於球前進的路徑遵守光的反射定律，即入射角等於反射角。所以我們就利用這種方法來找出母球應該碰撞的位置。（圖二）

作法：取 $\overline{AB} = \overline{BC}$（其中　垂直於桌面），連接目標

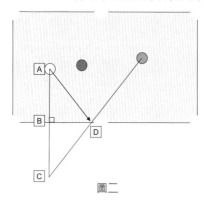

圖二

球與 C 點交球桌於 D 點即為所求。

　　D 點就是母球可以撞擊的位置。現在我們以數學方式來證明如下：（圖三）

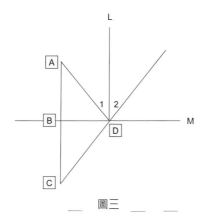

圖三

　　如圖，M 為桌面，因為 AB 垂直 M，AB = BC，所以三角形 DAC 為等腰三角形→∠A =∠C，取法線 L 平行 AC，則∠1 =∠A（內錯角相等），∠2 =∠C（同位角相等）→∠1 =∠2。所以 是母球應該進攻的方向。

　　現在我們看看另一種情況：（圖四）

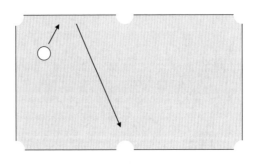

圖四

假設我們想將白球經過檯邊一次撞擊然後進到中袋，那麼正確的撞擊位置應該在哪呢？此時我們可以比照剛剛的作法。（圖五）

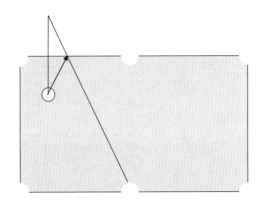

圖五

如圖，箭頭方向即為進攻方向。

【二顆星的撞法】

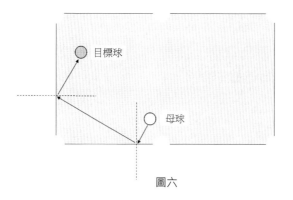

圖六

　　如上圖，這樣的撞法入射角不等於反射角，所以母球不可能照這樣的路徑撞到目標球的。應按照圖七的撞法，將母球與目標球分別以桌檐當對稱軸找出對稱點，再將兩點連線，連線段與桌檐的交點才是母球的撞擊點。

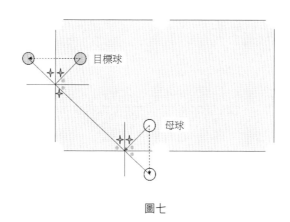

圖七

【動動腦時間】

第一題：白色母球欲從下方球檯碰撞一次反彈打黃色球，請找出正確的撞擊點？

（圖八）

圖八

第二題：欲將母球經過右側檯邊經過一次碰撞後進底袋，請找出正確的撞擊點？

（圖九）

圖九

蛇方塊的遊戲

【前言】

　　筆者於今年寒假的某晚來到一個夜市，行經一個十元商店便進去瞧瞧，發現一個由 27 個正立方體的木頭用一條彈性繩串起來、中間有轉折的方塊可以組成一個邊長為 3 個單位的正立方體。此玩具坊間稱為「蛇方塊」，香港人稱為「穿蛇仔」，且價錢便宜，便將它買下好好研究一番。

圖一

圖二

【原理】

　　筆者買了兩種不同顏色的方塊，拆開後的樣子是一樣的，組合時發現方法只有一種。假設我們先將方塊組成立方體，依序編上號碼（1~27），順序為由上層至下層，由左至右依序編號，如圖五所示。拆開後我們可以發現每一號方塊的位置所在，如圖。拆開後我們依照上面的數字排列依序是：
1→2→3→6→5→14→23→26→17→8→9→18→15→12→11→10→13→4→7→16→25→22→19→20→21→24→27。

圖三

圖四

1	2	3
4	5	6
7	8	9

（上層編號）

1	2	3
4	5	6
7	8	9

（中層編號）

1	2	3
4	5	6
7	8	9

（下層編號）

圖五：方塊編號的方法：上層→中層→下層，由左至右，1~27 號。

以 Cabri 3d 表現其路徑為下圖所示：

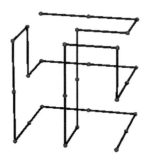

圖六：Cabri 3d 路徑示意圖

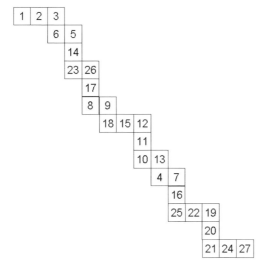

圖七：方塊展開示意圖

【點圖形的一筆劃問題】

一筆畫問題就是著名的七橋問題。看看此方塊的組合像不像是一個點的一筆劃問題？（這就是所謂的漢彌頓路徑）也就是說在空間中，尋找一路徑使之通過 27 個點座標而路徑不重複。市售的此方塊都是同一種型式，玩過的人也許拆解、組合久了會膩（因為只有一種組法），想想看，是否可以將方塊串成不同的造型，使之組合起來的方式會不相同？答案是肯定的，怎說？

此問題是要先考慮將 27 個方塊如何串起來？還是先考慮方塊的組合，再去拆解方塊的串法？因為此遊戲是一筆劃問題，所以要先考慮後者的問題，也就是說要先將這立體的 27 個點架構出來，再去研究從某一點出發有幾種不同的方式可以經過所有的點而不重複，假設研究出有 N 種路徑，那麼拆開之後方塊的串法便至少有 N 種。現在舉例說明如下，我們將這 27 個點從最上方依序

編上號碼（1~27），然後試著畫出一條路徑，此路徑的順序為：

1→4→7→8→9→6→3→2→5→14→17→16→13→10→11→1
2→15→18→27→24→21→20→19→22→25→26→23

　　如果將方塊按照這種路徑組合，拆開之後的順序就如同上述。

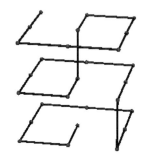

圖八：Cabri 3d 路徑示意圖

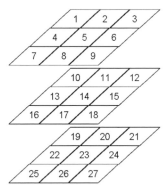

圖九：編號示意圖

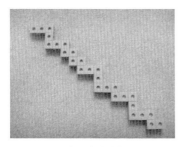

圖十：製作模型

圖十一：圖十組合起來之方塊

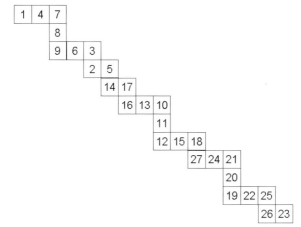

圖十二：方塊展開示意圖

接下來我們再設計另一條路徑，

1→2→11→20→23→14→15→24→21→12→3→6→5→4→7
→16→17→8→9→18→27→26→25→22→13→10→19

方塊的拆解情形如下：

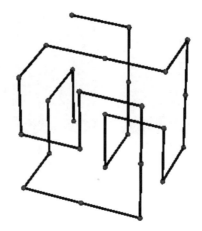

圖十三：Cabri 3d 路徑示意圖

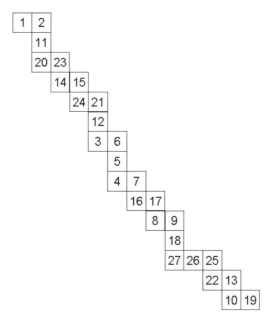

圖十四：方塊的編號

圖十五：製作模型並貼上編號

圖十六：圖十五之組合圖

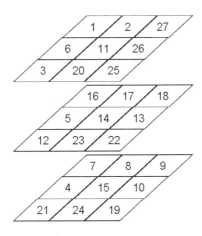

圖十七：編號示意圖

圖十八：第二種組合

其中原來的 14 號方塊（方塊的中心位置）不變。接下來我們再設計另一種路徑：

$1 \to 4 \to 13 \to 14 \to 5 \to 8 \to 7 \to 16 \to 25 \to 22 \to 23 \to 24 \to 21 \to 20 \to 19 \to 10 \to 11 \to 2 \to 3 \to 12 \to 15 \to 6 \to 9 \to 18 \to 17 \to 26 \to 27$。

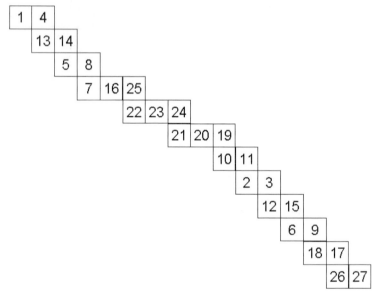

圖十九：展開圖

圖廿：方塊模型

圖廿一：方塊組合

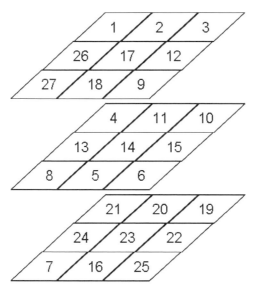

圖廿二：編號示意圖

圖廿三：第二種組合

　　而且，原來的中心位置 14 號在第二種解法的位置也不
變。這是件令人好奇的事！

【蛇方塊的路線討論】

　　讀者在操作過程中，似乎很難找到數學的理論來進行結果的預測，因為變化實在太多。但是蛇方塊中值得討論的地方有兩個，第一是第一個方塊的起始位置討論；第二是方塊正中心點位置的討論（第二層的中心點）。

一、市售的蛇方塊及筆者自行製作的方塊路線的第一個方塊
　　（編號 1）的位置都是由最角落來出發設計，但是可否
　　由其他的位置當做編號 1 的位置呢？也就是說，除了角
　　落的位置，其他的位置是否可以當作起點呢？由於正方
　　體面一個面都是九宮格，因此只要選擇一個九宮格的面
　　來探討就可以：

（一）角落的位置：由於四個角落都是相對位置，所以只要
　　　一個角落可以當作起始點，其他的三個角落亦可當作
　　　起始點。

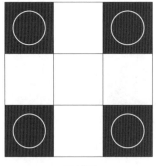

圖廿四

（二）中間的位置：我們發現，起始點在中間的位置也可以
　　　一筆畫完成，如下圖：

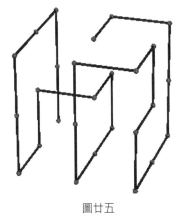

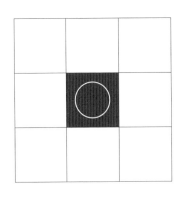

圖廿五 圖廿六

（三）周圍中間的位置：我們發現，無論如何畫，最後至少
　　　都會留下一點，如下圖。故推測起始點不能在周圍中
　　　間的位置。

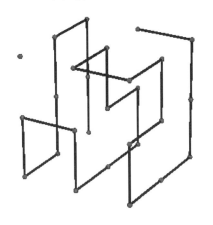

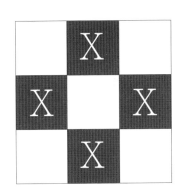

圖廿七：路線示意圖 圖廿八

　　這是為什麼呢？讓我們看看市售的成品為例。圖中的方
塊是由綠色及白色兩種顏色所組成，其中綠色有 14 個，白
色有 13 個，彼此相連。也就是說綠色的數目比白色的多一

個。如上述（一）、（二）都是由綠色方塊當作起始點，起始點方塊不算的話剩下的方塊剩下 26 個，依序是白　綠白　綠　白　綠…　白　綠，共有 13 組白　綠，可以一筆畫走完，所以角落和中間可以當作起始點位置。

圖廿九

　　假使起始點由周圍中間，也就是白色方塊出發，從頭至尾依序是白→綠→白→綠→白→…→綠，共 13 組白色和綠色，但最後剩下的方塊一定是綠色，而方塊的組成一定是綠白相間，所以第 26 塊綠色不可能接第 27 塊綠色。故起始點無法在周圍中間的位置。

（四）方塊的正中心點位置：方塊的正中心點（第二層的中心點）也是白色，依照上述討論此點也無法為起始點。

二、方塊正中心點（第二層的中心點）的位置推論：

　　在一個方塊的展開圖中，如何推論哪幾塊可能是正中心點的位置，也就是第二層中心點編號 14 的位置呢？

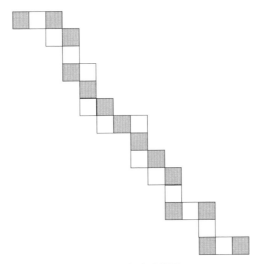

圖卅：方塊展開圖

以上圖為例，綠色方塊有 14 個，白色方塊有 13 個，所以正中心一定是白色。再者，連接正中心點的方塊有上、下、左、右、前、後有六個方塊，而此六個方塊分別是正方體六個面的中心點，所以正中心點的位置不可能是連續三個方塊的起點或終點。如下圖：

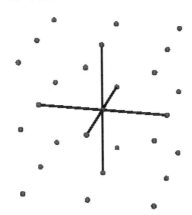

圖卅一：正中心點連接六個方塊示意圖

　　由於此六個方塊是在各面的中心位置，所以這六個方塊不可能是任何一個連續三個方塊的起始點或終點。此外若方塊的起始點是角落，則至少第四個才有可能是正中心點；若方塊的起始點是某一面中點，則至少第二個才有可能是正中心點，所以我們可以推測此方塊的正中心點的位置有這些點（圖中的橘色區塊）。事實上此方塊的正中心點位置在編號14的位置。其他的方塊也可依照此方式來推論正中心點的位置。

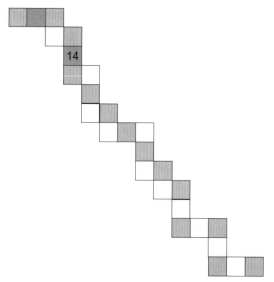

圖卅二：中心點可能位置圖（橘色區塊）

　　三、第三個問題就讓我們來時劃出一個無解的路徑：

1→2→5→14→11→12→21→20→19→10→13→16→25→22→23→26→17→8→7→4

　　走到 4 之後就無法繼續前進，這代表立體空間的格子點路徑並非毫無章法的前進。

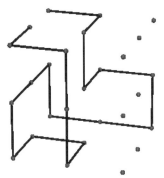

圖卅三：Cabri 3d 路徑示意圖

【蛇方塊的製作】

　　由於市售的蛇方塊都是同一種路徑，變化不大，所以筆者準備了相關的材料自行 DIY。材料準備：方塊、鬆緊線、竹籤及電鑽。

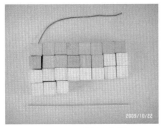

圖卅四：材料準備

圖卅五：轉角部份的方塊用 45 度角鑽出兩個洞

圖卅六：直線部分的方塊以直線貫穿

圖卅七：起點和終點方塊先穿入鬆緊線，在插入竹籤固定鬆緊線。

圖卅八：將竹籤多餘部分以美工刀切除

圖卅九：依照設計的路線穿起來

圖四十：串連好之成品

圖四十一：設計另一個方塊

圖四十二：成品

多面體的一筆劃路徑問題

　　提到一筆劃路徑令人聯想到的就是尤拉的七橋問題，這是西元十七世紀著名的七橋問題，後來這個問題漸漸發展到平面圖形上大家耳熟能詳的一筆劃問題。所謂一筆劃問題，就是在一平面圖形上，如下圖，由一個頂點當作起點，然後試試看可否用一筆劃畫出該圖形而途中路徑不重複，但也有些圖形是無法一筆畫畫完的，例如下右圖。

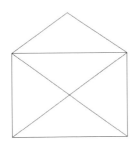

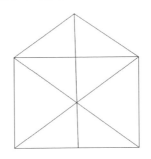

可以一筆畫之圖形　　　　　　　不可以一筆畫之圖形

　　此問題已是大家所熟悉的有趣問題，也早就有解答，假設我們將連接頂點的線為偶數的點稱之為「偶點」，連接頂點的線為奇數的點則稱之為「奇點」。可以一筆畫的圖形需符合以下兩點：1. 起點和終點為同一點：如果圖形中所有的頂點都是「偶點」，無論從哪一個頂點出發，都可以一筆畫完成圖形。2.起點和終點不是同一點：圖形中有兩個點為「奇點」，其餘為「偶點」，也可以一筆畫完成圖形，且兩個「奇點」分別為起點與終點。而此兩個準則放諸天下所有平面圖形皆準。

　　再來談到此篇文章的標題「多面體的一筆劃路徑問題」，其實就是針對立體幾何討論的七橋問題，當七橋問題浮現於世之後，有關許多的平面一筆畫圖形問題至今仍廣為流傳著。最近這問題在筆者腦海中再次浮現起，另我興起開始研究看看是否立體幾何也有所謂的一筆劃路徑，並且很幸運的找出此問題的解答，現在就讓我們來一探究竟吧！

【正四面體】

　　這個問題就是困難在它是立體的圖形，那們我們有無方法可以將之變成平面圖形來討論呢？首先我們拿一個正四面體為例，各位有沒有發現，當一個正四面體放置在桌上時（此時緊貼於桌面的是一個正三角形的面無法看到，你只能從外觀看到其他的三個面），正四面體有四個頂點、四個面及六個邊，但我們發現由上往下看時，這四個頂點及六個邊將會一覽無遺，唯獨其中有一個面緊貼在桌上所以看不到，但是不影響我們研究正四面體的一筆劃路徑。

正四面體至於桌上　　　　　正四面體俯視圖

　　此時不經意的我們已將這個「立體」的圖形變成「平面」的圖形來看待，我們發現這個圖形的四個頂點都是奇點，所以按照平面圖形的一筆劃問題理論是無法完成的，所以在此我們證明正四面體沒有一筆劃路徑。利用這樣的觀察使我想到，其他的多面體可否用類似的角度來觀察或設法轉換為平面圖形來觀察呢？

【正六面體】

　　再來以正六面體為例，看看是否正六面體有一筆劃路徑。首先將一個正六面體至於桌上，我們由上往下看，只能看到四個頂點及四個邊，另外的四個頂點及八個邊看不到，此時我們可以將此立方體變形一下，我們先將緊貼於桌面上的那一面正方形放大，如此會有四條邊長

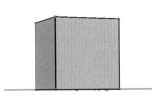

正六面體至於桌上　　　　　正六面體俯視圖

連帶的被牽引出去，畫出示意圖如下：

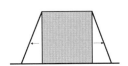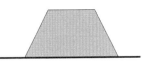

將俯視圖看不到的邊及底面　變形後之俯視圖　　　變形後之側視圖
向外延伸

　　此時我們已經可以從俯視圖看到此方體的八個頂點及十二個邊了，雖然正方體已經被我們變形了，但是不影響我們研究此坊體的一筆劃路徑。從這個平面圖形看來，這八個頂點都是奇點，所以在此證明正六面體沒有一筆劃路徑。

【正八面體】

　　再來換正八面體上場了，此時的俯視圖只能看到六個頂點及九個邊，還有三個邊無法看到，因此我們將之變形，首先將緊貼於桌面的正三角形放成更大的正三角形，接著相關

的邊長及頂點就會跟著被拉長成此平面圖形，此時可以看到六個頂點及十二個邊，其中六個頂點皆為偶點，所以我們證明正八面體有一筆劃路徑。

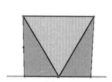
正八面體至於桌上

正八面之俯視圖

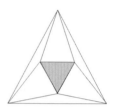
變形後之俯視圖

【正十二面體】

綜合上面討論，接下來的圖形皆可如法炮製，所以我們亦可將正十二面體變形如下，其中廿個頂點及卅個邊全都可看得到，不過所有的頂點皆是奇點，故正十二面體不可能有一筆劃路徑。

正十二面之俯視圖

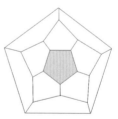
變形後之俯視圖

【正廿面體】

正廿面體的變形圖如上，十二個頂點和卅個邊全都可以看得到，在此平面圖形中，所有的頂點全都是奇點，故正廿面體不會有一筆劃路徑。在五個正多面體中，有一筆劃路徑的只有正八面體。

接下來我們來看看阿基米德多面體有無一筆劃路徑，何

謂阿基米德多面體？就是將五種正多面體截去每個邊長的角錐或是 的角錐所形成的多面體，前者又稱為截角正多面體；後者稱為截半正多面體，兩者和稱為半正多面體。現在筆者各舉一個例子說明如下：

正廿面之俯視圖

變形後之俯視圖

【截角正四面體】

截角正四面體

俯視圖

變形後俯視圖

　　如上圖，所有的頂點及邊都可以變形成這樣的平面圖形，圖中所有的頂點皆為奇點，故沒有一筆劃路徑。

【截半正八面體】

截半正八面體

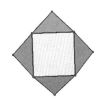

俯視圖

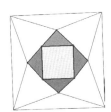

變形後俯視圖

截半正八面體有十二個點頂、廿四個邊全都在變形後的平面圖形中，因為每個頂點都是偶點，所以有一筆劃路徑。

阿基米德多面體有很多種，其與正多面體的共通點都是每個頂點不是均為偶點，就是均為奇點，並不會出現奇、偶點同時出現的圖形，所以非常容易觀察。接下來我們討論一個非阿基米德多面體：常見的菱形十二面體，看看有無一筆劃路徑。

【菱形十二面體】

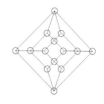

菱形十二面體　　　　　俯視圖　　　　　變形後俯視圖

如上圖，變形後的平面圖形中，奇點有八個、偶點有六個，故不可能有一筆劃路徑。

再來看看不一樣的多面體：克卜勒多面體。何謂克卜勒多面體？就是以正多面體或阿基米德多面體為基礎，將各平面延伸相交形成許多尖角狀的多面體，又稱星狀多面體，首先先介紹一個：

【克卜勒正八面體】

克卜勒正八面體是以正八面體為基礎向外延伸出的星狀多面體，所以是八角星（此多面體亦可視為由兩個正四面體相交而成）。變形時我們可將突出的八個角退化至平面位置如下圖，其中紅色線部份就是多出的星狀邊長，此時形成的平面圖形的底部仍有一個三角形的面在底部，所以看不到此面，不過仍不影響路徑的判斷。所有的頂點及邊長都可看

見，我們發現奇點就有八個，故不可能有一筆劃路徑。

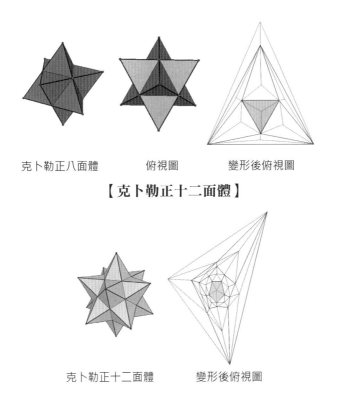

克卜勒正八面體　　　　俯視圖　　　　變形後俯視圖

【克卜勒正十二面體】

克卜勒正十二面體　　　變形後俯視圖

　　如上圖，克卜勒正十二面體是以正十二面體為基礎衍生出來的星狀多面體，故有十二顆星，將其轉化成平面圖形如上。可發現當中有不少的奇點，最少超過五個以上，詳細數目其實不用再計算，因為超過兩個奇點數的平面圖形絕對不會有一筆劃路徑。

　　各位讀者看到此有沒有心得呢？是否認為只要任一多面體轉化為平面圖形，便可判斷該多面體是否有一筆劃路徑呢？沒錯！那麼是否所有的多面體皆可以轉化成平面圖形

呢？當然是的，只不過這牽扯到極為深入的空間問題，不過讀者若有興趣可以掌握幾個原則，第一、任何一種多面體的變形圖皆以俯視圖看不到的頂點與邊長作向外延伸的動作；第二、首先需向外延伸的平面為置於桌頂的平面，如此一來其他的頂點與邊長將會跟著一起延伸出去（若研究對象為星狀多面體或者置於桌面無法有平面圖形時，可以任一面當作首先放大的平面）；第三、作延伸展開圖時需注意原先每個平面的形狀大小可以改變，但是邊數不可以改變（若變形前該面是 N 邊形的話，變形後仍然是 N 邊形）。此篇文章所有的平面圖形皆是作者靠大腦的運作思維創作出來，但是多面體有無限多種，因此筆者也不可能一一畫出，只能在此稍舉幾個常見的多面體來提供大家思考的方向，如果將來能有電腦軟體作輔助，利用電腦操作可以節省不少的時間，所以在此問題還沒解決之前，只能靠自己的大腦多思考、多創作！

【結論】

多面體的一筆劃路徑問題其實就跟平面圖形的定理是一樣的：可以一筆畫的多面體需符合以下兩點：1. 起點和終點為同一點：如果圖形中所有的頂點都是「偶點」，無論從哪一個頂點出發，都可以一筆畫完成圖形。2. 起點和終點不是同一點：圖形中有兩個點為「奇點」，其餘為「偶點」，也可以一筆畫完成圖形，且兩個「奇點」分別為起點與終點。

自然界一些常見晶體的幾何學問

【前言】

　　相信很多人學過自然界的晶體有所謂的面心立方結構（如氯化鈉）、體心立方結構（如氯化銫）等，其實自然界的分子結構有些是規則有些是不規則的，有規則的分子組成稱之為晶體，科學家將晶體依照分子組成分成七大晶系、十四種晶格。數學界亦有五種正多面體的結構（正四面體、正六面體、正八面體、正十二面體及正二十面體等），我們可以從自然界的晶體找出這樣的結構出來嗎？以下就幾種不同的晶格來做探討。

【氯化鈉晶體結構－面心立方結構】

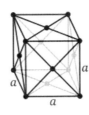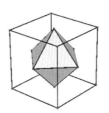

圖一：氯化鈉晶體結構　圖二：面心立方結　圖三：cabri 3d 作圖
　　　　　　　　　　　　構示意圖

　　如圖，綠色球體為氯原子，藍色為球體鈉原子，交替組成為單位為正方體的立方結構，以橘色框起來的一個平面來說，氯原子為中心點，所以這種結構稱之為面心立方結構。接來再看整個立方體，由六個面的中心形成的為一正八面體，如圖三。氯化鈉化學式為 NaCl，鈉原子數與氯原子數

比為 1：1，所以這種結構可以以氯原子為中心或鈉原子為中心來作觀察。

【氯化銫晶體結構－體心立方結構】

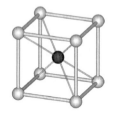

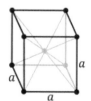

圖四：氯化銫晶體結構　　圖五：體心立方結構示意圖

此圖中心為氯原子，八個頂點為銫原子的立方結構，以中心點可以跟六個面的四個點形成六個四面體，但此四面體並非正四面體，怎麼說，假設此立方體的每一邊長為 a 單位，而中心點到八個點的距離均為 a，所以不為正四面體（正多面體每邊長均相等）。

【鑽石的晶體】

鑽石數屬於立方晶系，它有八面晶體及多形原石晶體。

圖六：cabri 3d 正八面體

【碳 60 晶體結構】

圖七：足球模型

所謂 C_{60} 分子是由 60 個碳原子組成的分子，形狀類似足球，俗稱巴克球。其實結構就跟足球是一樣的，所謂的足球指的是將正二十面體的十二個頂點為中心，消去原正二十面體邊長的 角形成的平面，所以稱為「截角正二十面體」。此平面有二十個正六邊形、十二個正五邊形，共三十二個面、九十個邊，根據由拉定理：$V + F - E = 2$（V 為頂點數、F 為面數、E 為稜數），我們可以得到頂點有六十個，科學家發現此種分子結構比鋼還堅硬。

【金剛石與硫化鋅立方結構】

 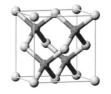

圖八：金剛石晶體結構　　圖九：硫化鋅晶體結構

金剛石是碳原子的一種變體，為一種單體，其分子結構如圖。其結構與硫化鋅立方晶體結構是一樣的，各位可以看右圖較為明顯，八個頂點以及六面中心為鋅原子，立方體內的四個原子為硫原子，每一硫原子包含在由周圍的四個鋅原

子構成的正四面體中，硫原子為中心點，單位立方體內共有四個正四面體。現在我們以 Cabri 3d 作圖如下，我們可以發現這四個正四面體合成為一個正方體的內接正四面體，中間摟空部份為正方體之內接正八面體。

圖十：正十二面體

圖十一：六面體

圖十二：以立方體為軸心望過去應該是呈正六角形，因為 cabri 3d 之透視圖有角度上的視差。

圖十三：從側面望過去之圖形

圖十四：硫化鋅六方結構

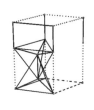

圖十五：cabri 3d 示意圖

圖十六：從上方望下去的圖形

此外，硫化鋅還有另一種六方結構，看似立方結構，其實是六方結構。如圖廿可以看到此方體的左下角有兩個正四面體，上者是以鋅原子為中心的正四面體、下者為以硫原子為中心的正四面體，所以此方體的上下兩面是菱形，假設此菱形的邊長為 1，則此方體的高為 $\frac{5\sqrt{3}}{6}$，以 Cabri 3d 作圖如上。

【砷化鎳六方結構】

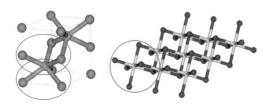

圖十七：砷化鎳六方　　圖十八：碘化鎘三方晶體
　　　結構

　　此結構較為特殊，圖中圈選部份為兩個正四面體的中心點與三頂點形成的四面體，上下各一組，以中心點通過的平面為對稱中心。

【碘化鎘三方晶體】

　　此晶體是以圖中圈選部份之立體十字互相交錯而成，因為狀似 x、y、z 三軸相交，所以稱之為三方晶體。

天然的寶石—石榴石結構的秘密

　　大自然充滿著無與倫比的力量，數千年來，大地為我們製造出許多珍貴的天然寶物如鑽石、寶石、水晶等。寶石的晶瑩剔透、光彩奪目、規則的紋路節理往往令人如獲至寶、愛不釋手，也是眾多女士及熱愛石頭玩家的最愛。

　　天然界的寶石通常分為兩大類：有機寶石與無機寶石。所謂有機寶石指的是寶石是由生物轉變過來的；無機寶石指的是天然礦物經過加工研磨而成，世界上存在的寶石約有百分之九十以上都屬於無機寶石。無機寶石有鑽石、翡翠、紅藍寶石、金綠寶石、貓眼、祖母綠、水晶、蛋白石、橄欖石、石榴石、電氣石、托帕石，石榴石便是其中一項。那麼寶石與其他礦物又有和不同？如何才能成為寶石的候選人呢？不外乎就是此礦物是否具有規則的節理、礦物本身的透明度、色澤、硬度以及此礦物含雜質的多寡等。本篇介紹的石榴石並非指的是單一種結晶礦物，而是一系列矽酸鹽類化合物的統稱。此所謂的矽酸鹽類的結構通式為 $A_3B_2(SiO_4)_3$，其中 A 與 B 代表化學中的二價與三價正離子。例如 $Fe_3Al_2(SiO_4)_3$ 稱之為鐵鋁榴石，是一種具暗紅色的寶石晶體。

　　筆者曾發表過自然界常見化合物的結晶構造，文中大部份的晶體的結構為正多面體所組成，而石榴石的晶體很特殊，通常有菱形十二面體及四角三八面體。菱形十二面體在此筆者保留先不作介紹，何謂四角三八面體？這種名稱似乎在數學裡頭找不到這樣的名稱，其實它正統的學名叫做「鳶形二十四面體」，而鳶形即箏形，所以又可稱之為「箏形

二十四面體」，此外，又有人稱之為偏三方八面體，但也有
人誤認為是梯形二十四面體。

　　接下來分析此種結構，他是屬於十三種卡塔蘭立體註一
中的其中一種，學名叫作鳶形二十四面體，它對偶註二的立
體就是小斜方截半立方體，而小斜方截半立方體是十三種阿
基米德多面體註三中的其中一種半正多面體。

 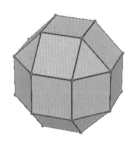

　　　圖一：鳶形二十四面體　　　圖二：小斜方截半立方體

　　現在我們兩種不同的角度來分析此類寶石的結構：
一、從阿基米德多面體的角度來看，阿基米德立體又稱為半
　　正多面體，是由兩種或兩種以上的正多邊形組成，其中
　　每個正多邊形的長度均相等。其中一項便是小斜方截半
　　立方體，是由 18 個正方形及 8 個正三角形所組成，如
　　圖三。

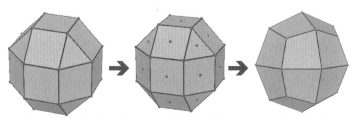

圖三：小斜方截半立方體　　圖四：將每個面各取中點　　圖五：鳶形二十四面體

取圖四每個面的中點後（共 26 個中點），將此 26 個點連接
起來便得到與之對偶的鳶形二十四面體，如圖五。

二、假設我們不從阿基米德的觀點出發，亦可從正八面體的
　　角度來思考，將鳶形二十四面體視為正八面體的一種變
　　形。那麼如何作圖呢？

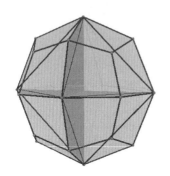

圖六：鳶形二十四面體內
　　　含正八面體

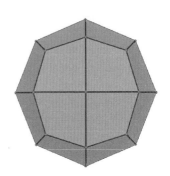

圖七：鳶形二十四面體的
　　　正八邊形剖面

　　如圖六，從空心的鳶形二十四面體可看出內含正八面體
的結構，從實心的側面角度來看此多面體可發現正八邊形的
形狀（圖七）。因此要建構此多面體可以先由三個正八邊形
彼此互相垂直相接開始，如圖九，像不像是一顆洗衣球呢？

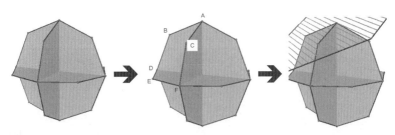

圖八：三個正八邊形互相　　圖九：選擇一區域標示頂　　圖十：作一通過 A、B、C
　　　垂直　　　　　　　　　　　點　　　　　　　　　　　　三點的平面

接下來是關鍵步驟，我們選定一個角落六個頂點，分別是Ａ、Ｂ、Ｃ、Ｄ、Ｅ及Ｆ，我們分別作Ａ、Ｂ、Ｃ的共平面（如圖九）；Ｂ、Ｄ、Ｅ的共平面以及Ｃ、Ｅ、Ｆ的共平面，將會得到如圖十的圖形。

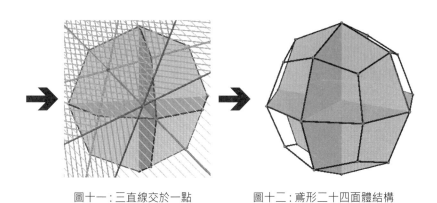

圖十一：三直線交於一點　　　　圖十二：鳶形二十四面體結構

將三個平面互相交於三條直線，此三條直線會將於一點（圖十一）。接著我們其他七個角落用同樣的方式可以找出其他的點，如此鳶形二十四面體便建構完成，如圖十二。

【市售鳶形二十四面體的玩具】

筆者有回帶領學生前往台灣參加畢業旅行之際，發現某景點大門口外有人兜售一些有趣的玩具。偶然發現一個可以伸縮的立體玩具，於是在好其心以及童心未泯的驅使下，我買下這個特殊的玩具。以下是這玩具縮小及放大的圖形：

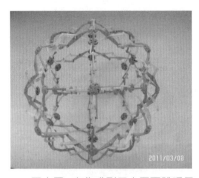

圖十三：市售鳶形二十四面體玩具
（縮小）

圖十四：市售鳶形二十四面體玩具
（放大）

由於此玩具具有對稱性，經過研究一番，竟發現此玩具的結構就是鳶形二十四面體！

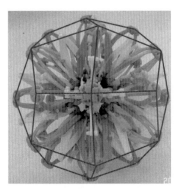

圖十五：市售鳶形二十四面體玩具（結構）

這讓人實在不得不佩服創造這玩意兒人的頭腦，倘若教師在課堂上提到石榴石這類寶石時，這玩具將會是不錯的教具。自然界的礦物真奇妙，無論是哪一種結構皆仰賴數學的規律而生，也著實讓我們讚嘆大自然造物之美，真是無懈可擊。

【註一】卡塔蘭立體是阿基米德多面體的對偶多面體，已知卡塔蘭立體共有 13 種。

【註二】所謂對偶多面體指的是甲多面體的每個面中點連接起來可得到乙多面體，而乙多面體的每個面中點連接起來可得到甲多面體，則甲、乙互為對偶關係。

【註三】阿基米德多面體是由兩種或兩種以上的正多邊形組合而成的立體，此立體中的每個正多邊形的長度相等。其中有些立體可以正多面體為基礎下，將正多面體的每個角經過截角而成。

創意教學示例

【幾何扣條的遊戲】

　　幾何扣條在國中、小階段是個很常見且很實用的教學輔助教具，在教學過程中亦發現學生對幾何扣條的操作充滿興趣，往往在老師不注意的時候，他們手上的扣條已經變成各式各樣的圖形出來，因此筆者也趁這機會蒐集有關扣條的遊戲，以期發揮教具最大的效用。

　　市面上的幾何扣條有六種顏色，代表不同的長度，有兩種形式，一是固定式的，無法改變長度；二是伸縮式扣條，可以拉長及縮短扣條的長度。使用上依照教材的需求，並不一定是伸縮扣條就比較好用，無論何種扣條在上面均有長度的標示。現在讓我們準備六種不同顏色的扣條數根，進行一些有趣的教學及遊戲吧！

【多邊形；配合單元：國中、小多邊形】

一、三角形系列

　　任意取三根扣條可以拼出以下三角形，依照邊常可分為三類：正三角形、等腰三角形、及非正三角形及等腰三角形之三角形；若以角度分類可分為三種：鈍角三角形、直角三角形以及銳角三角形。尤以鈍角及銳角三角形為例，我們用扣條排出此兩種三角形時，如何證明為使用這三個邊可以排出銳／鈍角三角形？（提示：畢氏定理）但無論哪一種三角形，皆無法調整其大小。

圖一：各種三角形

　　銳角三角形之證明：以上圖紅、黃、藍為例，三者邊長分別為 14.14、10、12.24，14.14（單位：cm）的平方為 199.9396，10 與 12.24 的平方何為 249.8176 ＞ 199.9396，故為銳角三角形。

　　鈍角三角形之證明：以上圖紅、黃、紫為例，三者邊長分別為 14.14、10、12.24，7.07（單位：cm）的平方為 199.9396，10 與 12.24 的平方何為 149.9849 ＜ 199.9396，故為鈍角三角形。

　　那麼，可否組成直角三角形呢？看看以下的說明。

二、四邊形系列

　　依照不同的長度可以組成下列各種四邊形，而所有的四邊形皆可調整其大小，甚至變成凹四邊形。這部份可以與三角形作比較，得知為何市面上有些固定架是做成三角形而不是做成四邊形的原因。

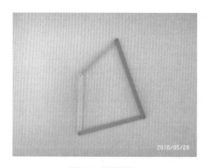

圖二：四邊形

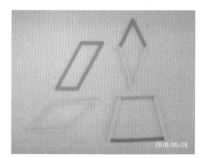

圖三：平行四邊形、箏形、菱形
及等腰梯形
（以上順序由左至右、由上而下）

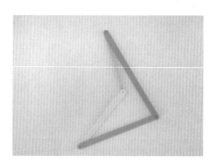

圖四：四邊形變凹四邊形

三、五邊形系列

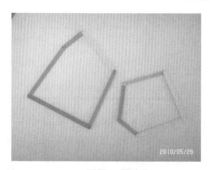

圖五：五邊形

圖六：五邊形變凹五邊形

【邊角關係；配合單元：國中三角形的邊角關係】

＊以下實驗以 6 種顏色的扣條各數根來作實驗。

一、兩邊之和大於第三邊（或兩邊之差小於第三邊）

任意選三根看看是否可以組成三角形，若可以，是什麼原因？不行的話又是什麼道理？

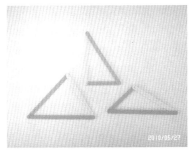 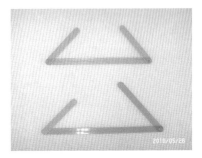

圖七：各種三角形
（可組成之三角形之三邊長為，任意兩邊之和須大於第三邊。）

圖八：無法組成三角形之三邊長
原因為：任意兩邊之和等於或小於第三邊。

二、正三角形（搭配量角器）

任意組成一個正三角形，並量量看三個內角各是多少？
（每個內角皆為 60 度）

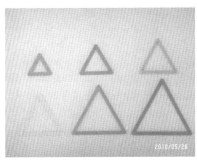

圖九：各種正三角形

三、等腰三角形（搭配量角器）

任意組成數個等腰三角形，並量量看三個內角各是多少？並發現其中的規律。

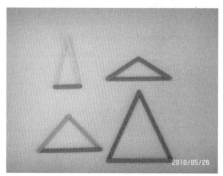

圖十：各種等腰三角形

四、三邊皆不等之三角形（可搭配量角器）

任意組成三邊均不等長三角形，並量量看三個內角各是多少？並發現其中的規律。（大邊對大角；小邊對小角）

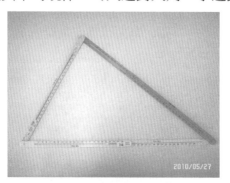

圖十一：伸縮扣條可組成任意三角形

大栽問：請問扣條可以拼出直角三角形嗎？為何？

答：我們首先想到扣條的長度，扣條的長度為何要設計如此呢？現在我們將大扣條及小扣條之長度整理如下表，發

現同一種顏色來說，大扣條長度是小扣條的兩倍。仔細分析大扣條的長度，可以得到以下的關係，可見得扣條設計如此的長度是為了可以拼出不同種類的直角三角形。例如：橘、橘、紫可以拼出等腰直角三角形；橘、紫、綠可以拼出直角三角形等。讀者可依照扣條間的比例關係拼出各種不同的直角三角形。

顏色	橘	紫	綠	黃	藍	紅
大扣條長度（cm）	10	14.14	17.32	20	24.48	28.28
小扣條長度（cm）	5	7.07	8.66	10	12.24	14.14
大扣條除以小扣條之比例	2	2	2	2	2	2
大扣條長度解析	10	$10 \times \sqrt{2}$	$10 \times \sqrt{3}$	10×2	$10 \times \sqrt{6}$	$10 \times \sqrt{2}$
轉成簡單整數比	1	$\sqrt{2}$	$\sqrt{3}$	2	$\sqrt{6}$	$\sqrt{2}$
顏色代號	1	2	3	4	5	6

如下圖，可以組成直角三角形的組合有（1，1，2）、（1，2，3）、（2，2，4）、（2，4，5）、（3，3，5）、（1，3，4）、（4，4，6）等。

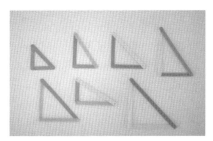

圖十二：各種直角三角形

【平面上任意兩點直線的距離；配合單元：國中二元一次方程式及其圖形】

國中二元一次方程式的平面圖形的教具有座標板，也有

吸附式磁鐵可供使用唯獨欠缺兩點間的「直線」教具，此時扣條正好可以派上用場，尤其帶有尺功能的伸縮扣條可以量取兩點之間的長度，方便教師解說。

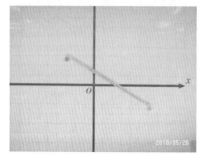

圖十三：量取平面上兩點之間的距離

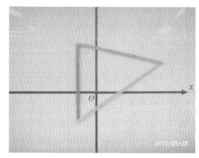

圖十四：平面座標三角形的顯示

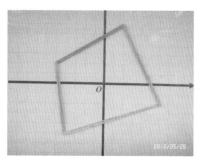

圖十五：平面座標四邊形的顯示

二、水平儀製作

有些扣條的密合度不是很好，不過正巧可以用作水平儀，如下圖，待側物為水平的情況下，小三角形（橘色）頂角的兩邊與大三角形（紅色）頂角的兩邊重疊；若待側物非水平，則兩三角形的頂角兩邊不會重疊。

圖十八：待側物成水平狀態　　　圖十九：待側物成非水平狀態

三、三角形的三等份、四等分、六等分

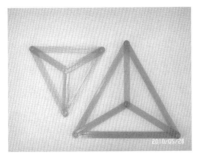

圖廿：利用扣條間的邊長比製作等分　　圖廿一：正三角形的四等分
　　　　線段

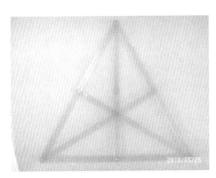

圖廿二：正三角型的六等分，或是重心、外心及內心的呈現

四、正方形的四等分

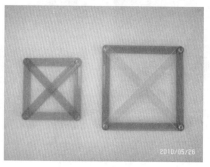

圖廿三：利用扣條間的邊長比製作等分線

五、正六邊形的六等分

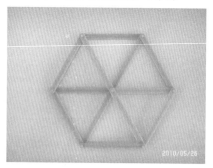

圖廿四：正六邊形的六等分

六、立體蜘蛛網

圖廿五：由各種長度的扣條依序織成　圖廿六：由於小扣條具有柔軟的材質，
　　　　平面圖形　　　　　　　　　　　　所以可以變成立體圖形

七、各式五邊形變五角星

圖廿九：各種正五邊形

圖卅：由各種正五逼形變成各種正五角星

八、以等邊製成多邊形

圖卅一：等邊正多邊形，依這樣的排列方式可以瞭解正多邊形之間每個內角的大小關係，邊數愈多，則每個內角就愈大。

【最長路徑遊戲】

有一種趣味數學遊戲這樣的，在一個平面空間上給定數個定點，每個定點間有的有直線相連接，有的沒有，好比這些定點是地圖上的村落，直線代表村落間的道路，有的村落間沒有道路，村落有兩條道路以上集結的村落我們稱之為節點。村落至村落間必須走道路，那麼在這種情況下，哪兩個村落間的距離為最長？

要解決此問題，荷蘭有位數學家提出這樣的創意思考策

略，即將隨意一個節點按住，其餘的村落及道路（在此以扣條代替）會因重力下垂，此時可以找出最下面的點，再將此點按住（此點即為最長路徑的起點），其餘的點及直線會下垂，此時最下面的點即為最長路徑的終點。

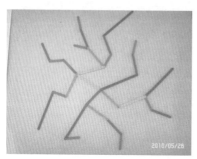

圖卅二：圖中哪端兩點路徑為最長？

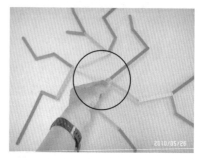

圖卅三：首先抓住任何一個節點位置

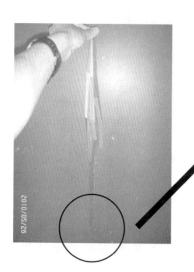

圖卅四：將節點至於頂端，其餘扣條會因重力因素垂下，並找出最下面的扣條。

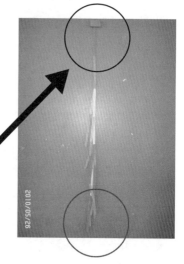

圖卅五：再將上圖端點置於上端，其餘扣條垂下，最下端的扣條端點與最上端之端點（紅色圈與藍色圈部份）即為最長路徑。

趣味乘法與九九乘法表的秘密

　　算術的起源在國內外都有其一定的歷史，乘法的計算方式亦所不同。筆者蒐集國內外各種有趣的乘法並加以原理解說，以及探討九九乘法表的秘密以饗讀者。

　　筆者曾在網路上看過一段乘法的影片，題目是 23×12，接著影片中的主角拿起筆和紙，先在紙上劃了 2 條（左邊）以及 3 條（右邊）的平行線（代表被乘數 23），這兩組平行線的方向是斜的方向，且中間有段空隙；接著從右邊開始，與原來的方向交叉成九十度的方向依序劃 1 條和 2 條（代表乘數 12），然後用兩條虛線切成三個部份，這三個部份的總交點數（線與線的交點）就是該位數的數字（ ≧ 10 須進位），從右而左依序代表個位數、十位數與百位數等。

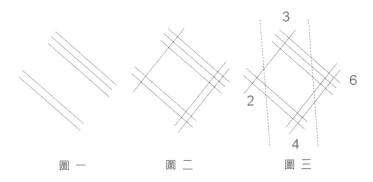

圖　一　　　　　圖　二　　　　　圖　三

　　我們可以發現圖三中，最右邊的交點數是 6，中間的交點數是 3 ＋ 4 ＝ 7，最左邊的交點數是 2，故 23×12 ＝ 276！一點也不賴吧！？

【原理解說】

筆者以國中的乘法公式來說明。23×12＝（20＋3）×（10＋2）＝20×10＋20×2＋3×10＋3×2，由於展開後會出現四組算式，而這四組算式正好出現在圖四中的四個位置。

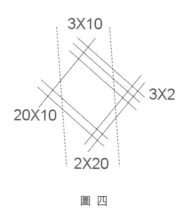

圖　四

每當筆者教完學生乘法公式後，就會秀上一段此種乘法，學生都驚呼不已，但最後只有少數學生可以想出其原理。至於這種遊戲式的乘法可否推廣？例如改成23×14可否？我們可以試著用同樣的模式來處理，其中某區間的交點數若超過十則須進位，最後仍可得到正確的答案322！（圖五）

那麼乘數或被乘數有0或是更大的數字怎麼辦？如102×23該怎麼做呢？為了畫圖方便，可以將算式視為102×023，當成兩個三位數的數字相乘，凡遇到是0的數字就畫虛線，而虛線與虛線的交點以及虛線與實線的交點都視為0。如此，還是可以用此方式「算」出答案是2346！（圖六）

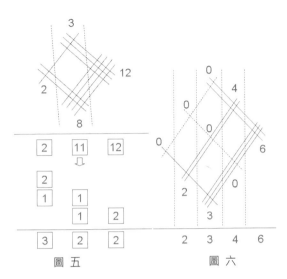

圖五　　　　　　　　圖六

【印度式乘法】

　　最近坊間很流行印度式的乘法，印度的小學生的乘法必須從 1×1 背到 19×19，而大家都對印度的小學生如何背到十位數的乘法感到非常好奇，據說他們有一套屬於自己的乘法公式，舉例來說，14×13 他們是這樣算的：

　　（1）14 ＋ 3 ＝ 17（或者 13 ＋ 4 ＝ 17 也可以）

　　（2）17×10 ＝ 170

　　（3）4×3 ＝ 12

　　（4）170 ＋ 12 ＝ 182

　　到底這樣算的秘密為何？我們以乘法公式說明如下：14×13 ＝（10 ＋ 4）×（10 ＋ 3）＝ 10×10 ＋ 10×（4 ＋ 3）＋ 4×3 ＝ 170 ＋ 12 ＝ 182。印度乘法的步驟（1）～（2）可用乘法公式展開項的 10×10 ＋ 10×（4 ＋ 3）來解釋；而步驟（3）可用展開項的 4×3 來解釋。不過話說回來，靠這樣的步驟來計算其他的算是可行嗎？我們將題目改成 24×13 來算算看：

（1）24＋3＝27

（2）27×10＝270

（3）4×3＝12

（4）270＋12＝282

　　事實上，24×13 正確的答案為 312，不是 282！原因為何？我們依然以乘法公式解說如下：24×13＝（20＋4）×（10＋3）＝20×10＋4×10＋3×20＋4×3＝200＋40＋60＋12＝312。印度乘法的步驟（1）就錯了，而步驟（2）少掉的 30 即將展開式誤算為 20×10＋4×10＋3×10，這就是原因所在。由此可知，印度乘法只適合用於 10～19 的兩個兩位數的乘法，不能一以概括其他所有的算式。

【俄式乘法】

　　被乘數（或乘數）除以 2，同時乘數（或被乘數）乘以 2，但乘積不變。以 32×23 為例，32×23＝16×46＝8×92＝4×184＝2×368＝1×736。以這樣的方法可以免去直式乘法的計算，改由簡易的心算即可得到答案。但是計算過程中若發生乘數（或被乘數）無法被 2 整除那怎麼辦呢？俄式乘法的算法式這樣的，以 35×52 為例：

35×52＝

　70×26

140×13

　280×6

　560×3

1120×1

　　途中若遇到某數無法被 2 整除時就寫該數被 2 整除後的商，例如 13 無法被 2 整除，因此下一個數就寫 6；3 無法被

2 整除，所以下一個就寫 1 等。最後 35×52 的答案就由各算式中乘數為奇數 13、3、1 左邊的三個數相加 140 ＋ 560 ＋ 1120 ＝ 1820 即為所求。那麼為何要如此算呢？由於 140×13 變成 280×6 的過程中少了 140；560×3 變成 1120×1 的時候少了 560，所以最後的 1120 必須加上 140 及 560 才能得到正確答案。我們再看一例：

28×31 ＝

14×62

7×124

3×248

1×496

同理，28×31 的答案為 124 ＋ 248 ＋ 496 ＝ 868。這種用加法取代乘法的計算有趣又神奇吧！當然，此種算法也可以做類似的延伸與推廣，例如計算 27×35，由於 27 是 3 的 3 次方，所以我們可以將被乘數逐次除以 3、乘數逐次乘以 3 來計算：27×35 ＝ 9×105 ＝ 3×315 ＝ 1×945 ＝ 945。同理，125×27 ＝ 25×135 ＝ 5×675 ＝ 1×3375 ＝ 3375。

【九九乘法表的秘密】

	1	2	3	4	5	6	7	8	9
1	1	2	3	4	5	6	7	8	9
2	2	4	6	8	10	12	14	16	18
3	3	6	9	12	15	18	21	24	27
4	4	8	12	16	20	24	28	32	36
5	5	10	15	20	25	30	35	40	45
6	6	12	18	24	30	36	42	48	54
7	7	14	21	28	35	42	49	56	63
8	8	16	24	32	40	48	56	64	72
9	9	18	27	36	45	54	63	72	81

圖七

近來這個曾經陪伴我們成長的九九乘法表再次成為數學界的焦點，原因是有人發現了乘法表中的奧秘，我們來瞧瞧到底有什麼秘密？

（一）自然數的立方和公式

	1	2	3	4	5	6	7	8	9
1	1	2	3	4	5	6	7	8	9
2	2	4	6	8	10	12	14	16	18
3	3	6	9	12	15	18	21	24	27
4	4	8	12	16	20	24	28	32	36
5	5	10	15	20	25	30	35	40	45
6	6	12	18	24	30	36	42	48	54
7	7	14	21	28	35	42	49	56	63
8	8	16	24	32	40	48	56	64	72
9	9	18	27	36	45	54	63	72	81

圖 八

	1	2	3	4	5	6	7	8	9
1	1	2	3	4	5	6	7	8	9
2	2	4	6	8	10	12	14	16	18
3	3	6	9	12	15	18	21	24	27
4	4	8	12	16	20	24	28	32	36
5	5	10	15	20	25	30	35	40	45
6	6	12	18	24	30	36	42	48	54
7	7	14	21	28	35	42	49	56	63
8	8	16	24	32	40	48	56	64	72
9	9	18	27	36	45	54	63	72	81

圖 九

	1	2	3	4	5	6	7	⋯	n
1	1	2	3	4	5	6	7	⋯	n
2	2	4	6	8	10	12	14	⋯	2n
3	3	6	9	12	15	18	21	⋯	3n
4	4	8	12	16	20	24	28	⋯	4n
5	5	10	15	20	25	30	35	⋯	5n
6	6	12	18	24	30	36	42	⋯	6n
7	7	14	21	28	35	42	49	⋯	7n
⋯	⋯	⋯	⋯	⋯	⋯	⋯	⋯		⋯
n	n	2n	3n	4n	5n	6n	7n	⋯	n2

圖 十

假設九九乘法表的橫軸與縱軸可以推廣至 n（圖十），我們來算算乘法表中的總和，按照圖八的算法為 $(1 + 2 + \cdots + n) + 2\times(1 + 2 + \cdots + n) + 3\times(1 + 2 + \cdots + n) + \cdots + n\times(1 + 2 + \cdots + n) = (1 + 2 + \cdots + n)^2 = \left(\dfrac{n(n+1)}{2}\right)^2$

按照圖九的算法為 $1 + (2 + 4 + 2) + (3 + 6 + 9 + 6 + 9) + \cdots + (n + 2n + 3n + \cdots n^2 + \cdots + 3n + 2n + n) = 1 + 2\times(1 + 2 + 1) + 3\times(1 + 2 + 3 + 2 + 1) + \cdots + n\times(1 + 2 + 3 + \cdots + n + \cdots + 3 + 2 + 1) = 1 + 2\times2^2 + 3\times3^2 + \cdots + n\times n^2 = 1^3 + 2^3 + 3^3 + \cdots + n^3 = \sum_{1}^{n} n^3 = \left(\frac{n(n+1)}{2}\right)^2$

（二）另類魔方陣

此主題可以採遊戲或魔術的方式來進行。首先從九九乘法表中框出一個 3×3 的方陣，請觀眾來選數字，每一列只能各選一個數字，從第一列開始選，選完的數字自其以下的數字不得選，依此類推。請觀眾將所選的三個數字相乘，看看得到的積為何。接著可再請另一觀眾選擇不同的數字組合，再相乘看看，結果兩人所得之積竟然相同！

4	6	8
6	9	12
8	12	16

圖十一

4	6	8
6	9	12
8	12	16

圖十二

4	6	8
6	9	12
8	12	16

圖十三

觀眾一的算式為：6×12×8 ＝ 576；觀眾二的算式為：4×9×16 ＝ 576。其實無論是哪三個數字的組合，其相乘之積皆相同，為何？我們可以將此問題一般化即可得知。

n^2	$n(n+1)$	$n(n+2)$
$n(n+1)$	$n(n+1)^2$	$(n+1)(n+2)$
$n(n+2)$	$(n+1)(n+2)$	$(n+2)^2$

圖十四

n^2	$n(n+1)$	$n(n+2)$
$n(n+1)$	$n(n+1)^2$	$(n+1)(n+2)$
$n(n+2)$	$(n+1)(n+2)$	$(n+2)^2$

圖十五

n^2	$n(n+1)$	$n(n+2)$
$n(n+1)$	$n(n+1)^2$	$(n+1)(n+2)$
$n(n+2)$	$(n+1)(n+2)$	$(n+2)^2$

圖十六

　　假設我們選的方陣是對角線為完全平方數的 3×3 方陣，則各數字可以一般化如圖十四。無論如何選取，都可得到三數之積為 $n(n+1)^2(n+2)^2$。倘若我們選的方陣之對角線非完全平方數呢？我們試舉一例如圖十七，無論如何選取，三數之積皆為 $n(n+1)^2(n+2)^2(n+3)$。其實在此方陣中隨意選取 n×n 的方陣，使用相同的遊戲規則，皆能有相同的結果。有興趣的讀者可以自行證明看看。

$n(n+1)$	$n(n+2)$	$n(n+3)$
$n(n+1)^2$	$(n+1)(n+2)$	$(n+1)(n+3)$
$(n+1)(n+2)$	$n(n+2)^2$	$(n+2)(n+3)$

圖十七

　　減法看似容易，但沒想到可以衍生出這麼多種的變化，藉由這些算術的發明我們可以回朔各國歷代算術的歷史進展。學習這些數學史，將有助於讓我們的思維更加寬廣。

正多面體速成班

【摘要】

　　現行的國中八年級下學期數學教材中有立體幾何的單元，教師有時在進行此單元教學時會適時納入正多面體的教學。但以往教師在進行正多面體的組合時，大多藉由展開圖來組成，或是藉由百利智慧片來組成。雖然這是一項不錯的教學方式，但要準備的教具可能會很耗時。於是筆者發現了方便教師帶著走的「平面」教具，只要加上一條橡皮筋，「平面教具」化身一變就可馬上成為「正多面體」。

【設計理念】

　　以往利用正多面體的平面展開圖組成立體時，需要在展開圖上預留邊作為黏貼的空間，不僅耗時又費工。有回筆者使用沒有預留邊的展開圖（以厚紙版製成的）用手大概固定出立體幾何的形狀時，偶然發現加上一條橡皮筋就可以固定出立體的形狀。所以筆者試著將五種正多面體找出橡皮筋適合的固定位置，發現橡皮筋的位置均可分別將五種正多面體切成空間均等的兩半，這就是筆者準備此單元教具的由來。以下以 cabri 3d 來呈現五種正多面體以橡皮筋固定的模式圖形：

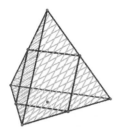 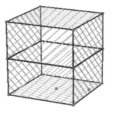 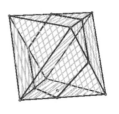

圖一：橡皮筋包正四面體　圖二：橡皮筋包正六面體　圖三：橡皮筋包正八面體

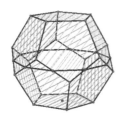 

圖四：橡皮筋包正十二面體　　圖五：橡皮筋包正二十面體

【教學單元】

國中八年級下學期數學科立體幾何單元。

【適用對象】

國中八年級學生。（小學五、六年級至國中九年級學生亦可學習，列為補充教材）

【教學目標】

1、認識正多面體的種類及其組成。

2、藉由「對稱」概念組成正多面體。

3、發現立體世界的尤拉定理。

【教具準備】

正多面體底稿、厚紙板（較厚者效果愈好）、美工刀、

橡皮筋。以上數量視課堂上的分組而定，每人一套亦可。

底稿圖片：（將底稿貼於厚紙板並沿線條剪開）

圖六：正四面體教具

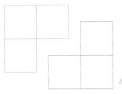
圖七：正六面體教具

圖八：正八面體教具

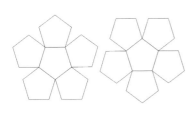
圖九：正十二面體教具

圖十：正二十面體教具

一、正四面體的組成：

圖十一：重疊兩片平行四邊形

圖十二：套上橡皮筋

圖十三：用手稍作調整

圖十四：完成正四面體模型

二、正六面體的組成：

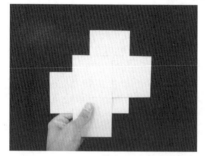

圖十五：重疊兩片厚紙板

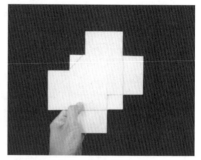

圖十六：套上橡皮筋

圖十七：用手稍作調整

圖十八：完成六四面體模型

三、正八面體的組成：

圖十九：重疊兩片厚紙板

圖廿：套上橡皮筋

圖廿一：用手稍作調整

圖廿二：完成正八面體模型

四、正十二面體的組成：

圖廿三：重疊兩片厚紙板

圖廿四：套上橡皮筋

圖廿五：鬆開手，自動成型，效果最佳！

圖廿六：完成正十二面體模型

五、正二十面體的組

圖廿七：重疊兩片厚紙板

圖廿八：套上橡皮筋

圖廿九：用手稍作調整

圖卅：完成正十二面體模型

※ 教學注意事項：

一、考量各多面體的幾何結構，筆者建議正四面體、正六

面體、正八面體及正十二面體使用較緊的橡皮筋效果較好；正廿面體使用較鬆的橡皮筋較好，如果橡皮筋過緊，整個結構不易支撐起來。

二、因結構的關係，正四面體、正六面體及正八面體的操作容易成型，過程中只要用手將各組的兩片頂點及邊對應好，就不容易變形；正十二面體的效果最佳，有魔術般的感覺與效果。另外正廿面體在操作時，需要花多點時間將之調整成型，較不易操作。

三、紙張盡量採用最厚的厚紙板，結構較不易變形。

【正多面體的尤拉定理】

以往教師在教導學生數正多面體的頂點數、邊數及面數的時候，必須先花一段時間將正多面體「組好」、「黏好」，而好不容易模型做好時，偏偏不是那麼好數。理由是組好的模型每個每個面、每個視角看過去皆相同，當您數完眼前區塊的點、線、面時，很難保證下一階段不會重複數到，除非在數的過程可以對正多面體作記號，不過又得考慮復原的問題。

現在這種模型可以派上用場，以最難數的正廿面體來說，由於多面體中間正好有一條橡皮筋作對稱，無論是數點、線、面均很容易數，不易重複，如下圖：

以橡皮筋為分界線，將一側之頂點、邊、面統計後，另一面也是一樣的數目；另外橡皮筋上的頂點、邊、面單獨數一次，兩者相加後就是整個多面體的頂點、邊、面的數目。現在筆者將五種正多面體的頂點數、邊以及面的數目整理如下：

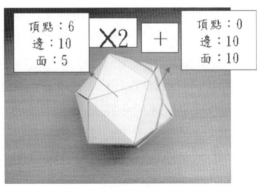

圖卅一：正廿面體的尤拉定理

正多面體	面數（F）	邊數（E）	頂點（V）	F＋V－E
正四面體	4	6	4	2
正六面體	6	12	8	2
正八面體	8	12	6	2
正十二面體	12	30	20	2
正二十面體	20	30	12	2

表一：正多面體的尤拉定理

【科學與藝術的結合】

　　由於筆者使用的教具是白色厚紙板，視覺上不免有些
單調，此時可以結合包裝紙將正多面體變身為藝術品。或
是手邊沒厚紙板的話，也可利用不要的紙箱剪下，再搭配
包裝紙一樣可以達到不錯的效果。

圖卅二：正多面體穿包裝紙

圖卅三：一堆正多面體

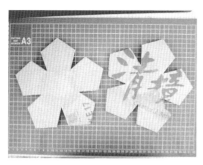

圖卅四：用紙箱剪裁模型

圖卅五：紙箱作成的正多面體

【後記】

　　由操作過程中可以發現，每一組教具都是由兩片形狀一樣的平面所組成。也就是說正多面體的面數皆為偶數。這樣的教具不僅可以隨時拆裝、教師攜帶方便，在教導尤拉定理時也容易拆回平面圖形研究討論，同時學生對於正多面體的組成更加一目了然，可謂一舉數得。小小巧思發揮有效的教學，讓師生一同歡樂的沉浸在正多面體的世界中！

方塊積木的創意遊戲—猜猜我是誰

市售的方塊連結積木種類繁多，用途不外乎是藉由方塊的連結可以創造出許多的立體圖形，因此很受學齡的小朋友歡迎。其實方塊的連結設計特性可以拿來做索馬立方塊、俄羅斯方塊或是五連方等，亦可使用在其他的立體幾何學習上，從方塊的拼湊來培養空間幾何的一些概念。

【猜猜我是誰？】

曾經有道與空間有關的題目：有個立體圖形，從上面看（俯視）、從側面看（側視）以及從正面看（正視）各是某種圖形，請問此種立體為何？此種題目就適合利用組合方塊來解。

例一、猜猜我是誰？

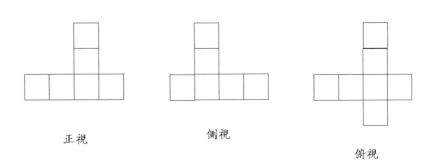

正視　　　　　　側視　　　　　　俯視

圖一：各視角圖形

圖二：學生作品

例二、口字型（正視、側視及俯視圖皆是「口字型」）

　　當學生有了概念以後，便可延伸類似問題。例如可請學生組一方塊，無論正視、側視及俯視圖皆是「口字型」。以下是學生作品，通常學生第一個都會排出圖三的樣子，接著老師可以教導學生看看是否能用出最少塊的積木達到目標，此時學生比較不解教師的意思，教師可以試著從圖三拔一積木，問學生是否依然能達到目標。這時學生就能明白，並思考如何將方塊的數量減少。

 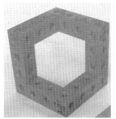 

圖三：最初的「口」字型立　圖四：可減少一些方塊　圖五：最少方塊數的排法
　　　　方體

例三、ㄈ字型（正視、側視及俯視圖皆是「ㄈ字型」）

圖六：學生作品

圖七：學生作品

例四、中字型（正視、側視及俯視圖皆是「中字型」）

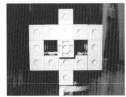

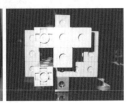

圖八：中字型最少方塊數拼法

例五、E字型（正視、側視及俯視圖皆是「E字型」）

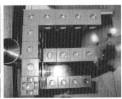

圖九：E字型最少方塊數拼法

例六、H字型（正視、側視及俯視圖皆是「H字型」）

圖十：H字型最少方塊數拼法

例七、此題為較高難度的題目，建議教師在讓學生學習完幾個字型的組法後，再來嘗試做這一題。

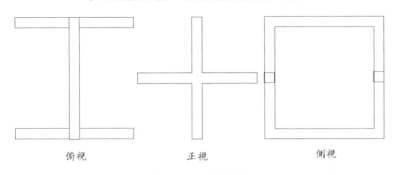

俯視　　　　　　正視　　　　　　側視

圖十一：各視角圖形

圖十二：學生作品

【錯視圖】

　　何謂錯視圖？簡單說來，就是看起來並非合理的立體圖形，舉例來說，讀者看看以下的圖形是否有何不合理之處？

（一）不可能的方塊

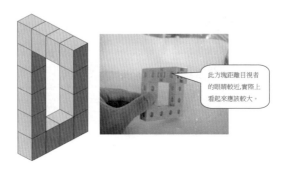

此方塊距離目視者的眼睛較近,實際上看起來應該較大。

圖十三：錯視圖形　　　圖十四：實際的圖形

　　圖十三若以「平面」的角度來看視不會有問題的；若以「立體」的角度來看（在此可用積木來作成類似的立體來觀察），發現問題在於立體的視覺呈現的效果是「遠小近大」，也就是同樣的物品擺在眼前看起來比較大；反之則較小，而圖十三的圖形並沒遵照實際的圖形繪出，所以才會造成讀者的「錯覺」與迷惑。

（二）潘羅斯三角形（Penrose triangle）

　　潘羅斯三角形為歐洲藝術家及數學家的創作，作品亦為不可能的物體結構之一。所謂的不可能物體指的是這樣的構造無法在正常的三維空間中呈現出來，潘羅斯三角形的構造表面上是以三條相等的長方體組成，但仔細一瞧相鄰兩條長方體又互相垂直，倘若此三條長方體真的彼此互相垂直，則又無法構成三角形。現在筆者以方塊做出潘羅斯三角形的原始模型，在藉由特定角度讓其呈現出三角形的樣子。

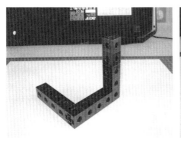
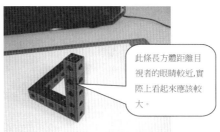

此條長方體距離目
視者的眼睛較近,實
際上看起來應該較
大。

圖十五：實際的結構　　圖十六：某種角度造成的錯視

　　其實既然為不可能的圖形,那代表所呈現的錯視圖是可以解釋的,如圖。

（三）爬不完的樓梯

　　國外知名視覺藝術家艾薛爾 (M.C.Escher 1898~1972) 是一位荷蘭的著名版畫家,他的畫作給人的印象常是黑白顛倒、視覺錯亂、平面變立體以及不可思議的鑲嵌作品等,仔細研究艾薛爾的每件作品,可以發現其中運用了許多深入不易理解的數學結構問題。其中有一幅他的名畫,畫作中是一座中間摟空的正方形城堡（有興趣的讀者可以自行上網搜尋相關作品）,城堡的頂端是一座爬不完的樓梯（或者說下不完的樓梯）,也是屬於錯視圖的一種。現在筆者以方塊做出模擬的樓梯如圖,可發現無論順時針或逆時針走,都會回到原點。如何形成這種錯視呢？只要將圖十八原本步步高升的樓梯讓它變成橫躺的樣子（圖十九）,然後頭尾相接起來,就會造成這種錯覺。

圖十七：爬不完的樓梯

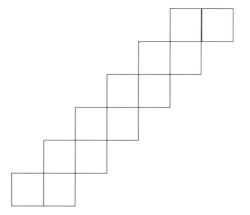

圖十八：步步高升的樓梯

圖十九：橫躺的樓梯

　　方塊積木對孩童來說雖是簡單的玩具，但若能善加利用其特性，可以變化出許多好玩的遊戲，讓我們一起來玩積木吧！

「解構」魔術方塊

　　魔術方塊已經是國內外流行已久的益智玩具，隨著發明者源源不斷的創意，時下的魔術方塊除了最早期的3x3x3（指的是長、寬、高方格的數量，筆者簡稱3階魔術方塊）變成了各式各樣的多面體魔術方塊。

　　有回學生拿了一堆散落的魔術方塊零件請我幫她復原，原因是其中某些方塊有斷裂的情形。我觀察了方塊的構造，發現魔術方塊是由一個三軸六個方塊為骨架，外加廿個單一方塊共廿六個方塊所組成的方體，其中有八個方塊三面塗色；六個方塊單面塗色以及十二個方塊雙面塗色。方塊在組裝時為了配合單元結構的問題而有先後順序。正當筆者快組合結束時，發現剩下的單元無法配合現有六個面的色彩，也就是說，學生在拆解方塊的過程中，不小心把骨架的方塊顏色給調換過，所以其餘單元無法順利組合還原回六個面各一種顏色的情況。那麼在這種情況下有什麼好方法可以解決這個問題呢？一般讀者或許會試著將骨架中的方塊兩兩對調再嘗試組合看看是否能夠成功。但運氣不好時這種「嘗試錯誤」的方法將會耗掉不少時間，若能用「數學」的方式來思考，將可一次解決此問題。

圖一：調換過顏色的方塊

圖二：角落的八個方塊

　　首先我們發現問題的關鍵在於方塊角落的八個三面塗色的方塊，也就是藉由這八個方塊我便可得知骨架的六個方塊的正確位置。為了方便研究，我們將六種顏色的方塊以編號來表示如下表：

顏色	深藍	白	黃	紅	綠	淺藍
代號	1	2	3	4	5	6

表一：各方塊顏色代碼

　　八個三面塗色的方塊各組合為下表：

顏色	（深藍、綠、淺藍）	（白、綠、淺藍）	（白、黃、淺藍）	（深藍、紅、綠）
代號	（1、5、6）	（2、5、6）	（2、3、6）	（1、4、5）
顏色	（深藍、黃、淺藍）	（深藍、黃、紅）	（白、黃、紅）	（白、紅、綠）
代號	（1、3、6）	（1、3、4）	（2、3、4）	（2、4、5）

表二：角落八方塊顏色代碼

　　從表二得知1、2不曾出現在同一組，代表1、2為立方體的一組平行面；3、5不曾出現在同一組，代表3、5為立方體的一組平行面；同理，4、6不曾出現在同一組，代表4、6為立方體的一組平行面。

　　據此，我們可以推理出可能的兩種方塊顏色組合如下：

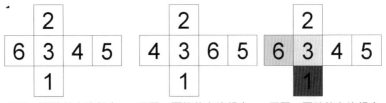

圖三：可能的方塊組合　　圖四：可能的方塊組合　　圖五：正確的方塊組合
　　（一）　　　　　　　　　　（二）

　　這兩種組合是不一樣的，中間的橫排是順時針與逆時針的差別。那要如何確定是哪一種組合呢？我們只要選擇其中

一個角落的方塊例如（1、3、6）的組合，搭配方塊的位置可得知圖三是正確的方式，所以只要將骨架依照此圖配置便可完成方塊的組合（圖五）。

現在我們來談談方塊的塗色問題，這六種顏色塗在同一個方塊可以有不同種情況？（假設旋轉重複的情況不算）為了解決此問題，我們可以先思考「骰子有幾種？」因為這是兩種一樣的問題。市面上的骰子有兩種，平行兩面的數字和為7。

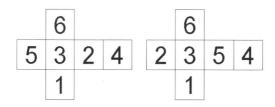

圖六：市面上的骰子（一）　圖七：市面上的骰子（二）

由於魔術方塊沒有這層限制，所以假定先固定1的位置，則1的對面可以有5種選擇，接下來中間一排的四個數可以有4×3×2×1種，所以目前有5×4×3×2×1 = 120種。但是其中會有重複的情形，如下圖中間一排為3、4、5、6，但是會有其他三種與之重複，原因是選旋轉對稱。所以共又120÷4 = 30種塗色方法。

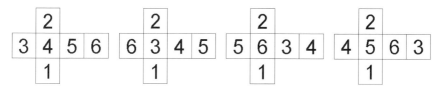

圖八：同種不同排列的方塊

看到魔術方塊的塗色方法展開圖，令人想起骰子。骰子亦是自古以來中西方人們拿來作為博弈的工具。骰子為正立方體，有六個面，分別填上數字 1~6，但骰子的設計有其規則，也就是不相鄰的兩面數字總和要為 7，所以有（1 ＋ 6）、（2 ＋ 5）、（3 ＋ 4）等三種組合。請讀者思考，這樣的骰子有幾種變化呢？

許多人以為這樣的骰子設計有很多種，其實我們可以如此討論，首先決定最上方的數字為 1，則對面必須填 6。再來決定四個側面，最左邊設定為 2，則 5 只能填第 3 格，而剩下的 3、4 可以有兩種不同填法，因此骰子的設計只有兩種。

圖九：骰子的第一種設計　　　圖十：骰子的第二種設計

【方塊的塗色問題】

接著我們來探討 n 階方塊的塗色問題，製作魔術方塊的最後一個程序就是將方塊塗色或貼上貼紙，原則上同一面為同一顏色（所以正方體的魔術方塊有 6 種顏色），其結果就是有些方塊有三面會塗到顏色；有些則是兩面；剩下的方塊才有一面是塗色的，現在我們以表格圖列 3 階、4 階一直推廣到 n 階的魔術方塊的塗色狀況。

各階魔術方塊	有3面塗色的方塊數目	有2面塗色的方塊數目	有1面塗色的方塊數目	總方塊數
	8（8個頂點）	12（外層每層4個×2層）+（內層每層4個×1層）	6（每面1個×6面）	26（= 3^3-1^3）
	8	24（8×2 + 4×2）	24（4×6）	56（= 4^3-2^3）
五階魔術方塊	8	36（12×2 + 4×3）	54（9×6）	98（= 5^3-3^3）
N階魔術方塊	8	4（n－2）×2 + 4×（n－2）	$(n-2)^2 \times 6$	$n^3 - (n-2)^3$

表三：n階魔術方塊的塗色狀況

　　我們可以從3階推廣至n階魔術方塊的過程中尋求出某種形式的規律（pattern），規律的尋求對學生學習數學有很大的幫助。通常世界萬物之美往往就是由於它隱藏著某種形式的數學規律而吸引人，學生多練習、發現各種不同事物的規律將有助於他們的思考、推理能力。

淺談 3D 畫之謎

　　最近國外流行一種在地面上塗鴉，且從某個角度看過去圖案會呈現立體的感覺，俗稱 3D 畫。除此，近一兩年國內也有相關的立體視覺效果展覽，引起眾多民眾的好評。

　　什麼是 3D 畫？其實說穿了是將平面上的畫作輔以特殊的技巧而使得觀賞者可在特定方向及特定角度可以看出類似立體的圖形，筆者礙於照片版權問題，在此提供一個方法可以請讀者自行上網觀看，讀者可先至 google 網站：www.google.com.tw，在搜尋欄位輸入「3D 畫」，並點選「搜尋圖片」的功能，即可看到許多 3D 的相關真實照片。

　　其實 3D 畫應用到的原理是投影以及國中數學教到的相似三角形概念。筆者舉例說明簡單原理如下：假設現有一直立的竹子長為 2b，我們欲將地面上也畫出一根竹子使得看起來也有如直立的竹子般的感覺，且長度亦是 2b。那我們該怎麼畫呢？

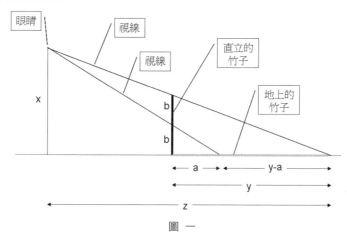

圖　一

如上圖，我們假設眼睛的高度為 x，直立的竹子長為 2b，竹子在眼睛下的投影長度為 y，眼睛至影子頭的距離為 z。此外我們一想瞭解竹子的中間投影至地面會不會仍是影子中間的位置，於是加了一道從眼睛到竹子中間的視線，所以竹子的下半段在地面上的投影長度為 a。

接下來我們根據相似三角形定理推理出下列結果：

（一） $2b : x = y : z \rightarrow z = \dfrac{xy}{2b}$

（二） $b : x = a : (a + \dfrac{xy}{2b} - y) \rightarrow a = \dfrac{\frac{1}{2}xy - yb}{x - b}$

（三）竹子影長（下半段）：竹子影長（上半段）

$$= a : (y - a) = \dfrac{\frac{1}{2}xy - yb}{x - b} : \dfrac{\frac{1}{2}xy}{x - b}$$

$$= \dfrac{1}{2}xy - yb : \dfrac{1}{2}xy = (x - 2b) : x$$

也就是說，竹子影長（下半段）：竹子影長（上半段）$= (x - 2b) : x = \ < 1$。這是個重要的結論，代表直立竹子長的上半長度與下半長度若為 1：1，則投影的部份不可能是 1：1，而且是上半身投影的部份較長，下半身投影的長度較短。此結果可以作為 3D 畫作的理論依據之一。

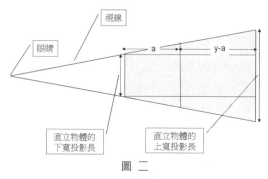

視線

眼睛

a

y-a

直立物體的
下寬投影長

直立物體的
上寬投影長

圖　二

　　另外在物體寬度的畫法上也要注意，根據投影及遠小近大的原理，同樣長度的兩條線投影在地上會因距離的遠近而有不同的長度，所以畫的時候要逆向而形，也就是要遠大近小，如圖二。其實 3D 畫的原理也說明了人身體的各段比例與人影的各段比例是不相同的。

【正方形的 3D 畫製作】

　　假設 b = 2.5 公分，X = 30 公分（眼睛高度）。則（x − 2b）：x = 5：6。此比例即為正方形下半部與上半部的比例，因此為了方便畫出正方形的投影圖，我們可以畫出總長為 5 + 6 = 11 公分的投影圖如圖三、圖四，由於畫圖須考慮長度與寬度的關係，所以正方形的投影圖畫起來是上寬下窄的梯形。

6

5

圖　三

圖　四

如圖五，從眼睛看過去有立體的感覺；另外可以拿平躺的正方形（左邊）與右邊的畫做比較，更可讓人以為右邊的畫是立體的（圖六）；其實 3D 的藝術還有一個重點，就是投影畫必須加上陰影才能更顯現出立體的感覺，因此我們將圖加上一點陰影效果，看起來就更有立體的感覺（圖七）！

圖　五　　　　　　　　圖　六　　　　　　　　圖　七

【正三角形的 3D 畫製作】

圖　八　　　　　　　　圖　九　　　　　　　　圖　十

　　如圖八是正三角形的投影畫，由於投影的關係畫出來就像是被拉長的等腰三角形。圖九為投影圖與平躺的正三角形更可襯托出投影圖的立體感。圖十為將投影圖加上陰影的感覺。

【圓形的 3D 畫製作】

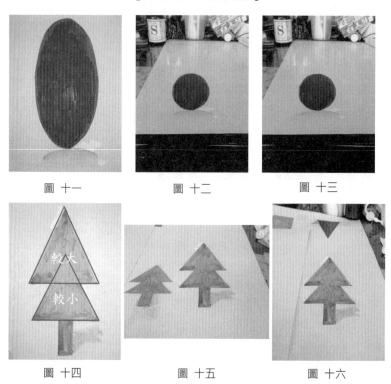

　　假設我們欲做聖誕樹的 3D 圖（聖誕樹的兩個三角形看起來要一樣大），圖十四為聖誕樹的投影圖。從圖中可以看出投影圖的上三角形必須畫得較大，下三角形則較小。同理我們為樹加些陰影感覺會更好！（圖十六）

說到觀看 3D 的視角首重角度，亦即水平方向的角度要對，角度的不同看起來的圖形樣子亦不同（正常或歪斜）。其次是眼睛高度，眼睛的高度決定了圖形看起來的狹長或寬扁（圖十七～圖廿）。在角度與眼睛高度都正確了之後，只要沿著既有的視線（圖廿一中紅色線部份）前進或後退皆可看到一模一樣的 3D 圖。

圖十七：角度偏左　圖十八：角度偏右　圖十九：角度偏低　　圖廿：角度偏高

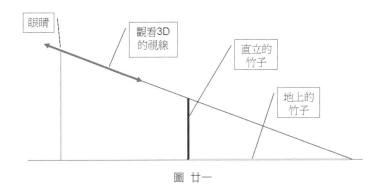

圖　廿一

　　以目前來看，由於國內外對街頭藝術的開放制度不同，所以讀者看到的照片幾乎都源自於國外，其使有一天國內也能設立相關專區讓 3D 畫出現在我們的生活環境，讓科學與藝術能真正落實於生活中！

台灣美術館與數學的邂逅

　　『國立台灣美術館』這棟坐落於台中市區的一隅，屬於新落成的國家級美術館。美術館往往給人的印象是展示各式各樣的藝術創作，以學校的課程領域來說屬於藝術與人文領域，或許跟數學這傢伙八竿子打不著關係，但是筆者利用今年的寒假再次造訪一趟台灣美術館，卻發現了數學的裝置藝術品。

　　怎麼說呢？並不是某位數學家搞錯展覽地點，也不是某位藝術家展覽數學的主題（當然，若有這樣的展覽主題我也會很有興趣的），而是館外的裝置藝術引起我很大的興趣。現代化的社會除了科技的進步以外，還需各式各樣的藝術來襯托出一個地區或一棟建築物的品味，所以隨處可見這樣的裝置藝術在我們的生活週遭。筆者仔細觀賞館外每一裝置藝術，都是以幾何為主題來設計的，每個幾何主題都令我想到一些東西或是教學上可用的點子，現在就讓我一一來陳述吧：

【圓環的藝術裝置】

圖　一　　　　　　　　　　　　圖　二

從園區順著步道走來會先看到圖一，再來是圖二。當看到這兩張圖時會許有人會納悶這

　　是什麼東西，直到進一步分析才知所以然，其實這是由一個圓環經過轉折後的裝置藝術，這樣的藝術品可否用紙張來實際操作得到呢？我們依原型比例來做做看！

圖三：左下角以保麗龍　　圖四：將球移開，裝置　　圖五：裝置會往弧形較
　　　球穩定裝置　　　　　　變不穩定　　　　　　　大的一方傾斜

　　實驗中發現此裝置若沒有石頭是無法穩定的，且裝置會往弧形較大的一環（見圖五及圖六）傾斜（重量的關係；物理原理）。

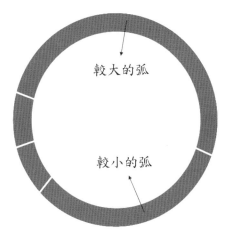

較大的弧

較小的弧

圖六：裝置平面圖

【積木的藝術】

圖七：正面圖 　　　　　　圖八：側面圖

　　這是距離停車場最近的一個大型裝置藝術，從側面可以清楚的看出結構。筆者手邊正巧

　　有積木，可以如法炮製一下。讀者可以猜猜看，圖中有幾個正立方體？

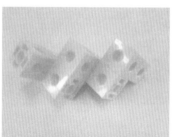

圖九：模型製作

【站起來的「圓」】

圖十：270 度的扇形加上 90 度的扇形組合　　　圖十一：以九十度扇形的中心為支撐點

若是一張平面的圓要站起來很困難，如果圓的厚度夠是可以站立起來，但是必須考慮站

　　立後會不會向任何一面傾倒或者滾動，無論如何這都是不安全的。若是像此圖一樣先將此圓切一半徑，再折一扇形便可穩穩的站立不會有倒塌的危險。圖中支撐此物的扇形是九十度的扇形，所以剩下的扇形面積為四分之三圓，就像電玩遊戲的主角小精靈一樣。不過，這樣就能確保此圓不會移動或滾動嗎？我們可以來作個實驗來試試。

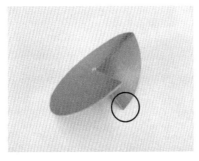

圖十二：模型以九十度扇形弧的起點　　圖十三：改以扇形為支撐點會與桌面
　　　　　為支撐點　　　　　　　　　　　　　有較大之接觸面積

　　筆者以用西卡紙做出模型，以圖十二這樣的方式固定於地面。由於裝置與地面僅有一點的接觸面積，因此裝置可能會產生以此點（圖十二中藍色框的點）為中心產生旋轉效應，較易有危險發生；若改成以圖十三的方式立於桌面，理論上也是與桌面接觸於一點，不過這樣的方式較容易固定於桌面，比較穩固。

【錯覺的藝術之一】

圖十四：水池中的金屬鐵條藝術裝置

　　這是館外其中一項裝置藝術，由於此作品位在水中央，所以無法近距離實地觀賞，圖十四的照片還是經過鏡頭放大的效果。從遠處可以看到此裝置由四種不同顏色的金屬排列成四排，從前端看有點像是雙 V 字型，若此時此地您拿兩張圖（圖十五及圖十六）讓現場觀眾選擇此裝置從正前方看會是什麼圖形，十之八九的民眾會選擇圖十五。

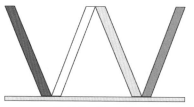

圖十五：雙 V 字形

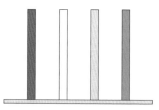

圖十六：四列鐵條並立

　　此時先不要急著給答案，先走到裝置的後頭來看會是什麼狀況？

圖十七：另一側之情景

結果變成了這幅圖，此時您可再拿兩張圖（圖十八及圖十九）讓觀眾做選擇，同樣的大部分的民眾應該會選擇左邊這張圖。

圖十八：雙倒 V 字形

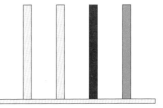

圖十九：四列鐵條並立

不過問題來了，若是針對同一觀眾作兩次這樣的實驗，想必一定會在此人的腦海裡出現矛盾情況，何以從前方看是雙 V 字型，而到了後頭變成了雙倒 V 字型呢？若要合理解釋這種情況便只有一種可能，就是四色的金屬條都是彎曲的，並不是直線前進，但很明顯的現場的金屬條是直線的，沒有彎曲的狀況，那麼又該如何解釋此結果呢？除非將答案更正為四色金屬條都是直立式的排列。有無這種可能性？該如何證明？再給讀者看張照片便知分曉。

圖廿：側面圖

各位看官知道原理了吧！不過先別急，當我們逐漸遠離這傢伙時，突然間它又變成別的字型了，各位看看吧，想必讀者一定有辦法解釋的：

圖廿一：圖十四改以不同的角度觀看，會有不同的效果

【錯覺的藝術之二】

圖廿二

這棟水泥牆位於美術館的周圍，上方為露台。這棟牆乍看之下由許多的平行四邊形格子所組成，包含整片牆的形狀也看似平行四邊形，也就是說一般民眾看到這面牆會以為這牆的形狀是如左下圖之圖形而非右下角的圖形，咦～果真是如此嗎？當我走向這面牆，拍了張它的側面與正面的特寫後，答案揭曉：

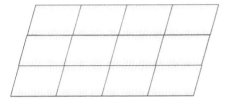

圖廿三：平行四邊形

圖廿四：矩形

圖廿五：側面圖

圖廿六：立面圖

　　正確答案是，這面牆中間的格子及整面牆皆是矩形而不是平行四邊形！那麼為何會造成這樣的錯覺呢？因為這面牆的側面並不是垂直於地面而是有角度的傾斜著（圖廿六），所以才會造成將矩形看成平行四邊形的錯覺。接下來不遠處又有個玻璃製的牆面也容易讓人誤認為是平行四邊形的牆，道理亦是如此。

圖廿七：站在側面觀看之情景

圖廿八：站在正面觀看之情景

　　台灣地區鮮少有類似這樣的室外裝置藝術品，或許有許多民眾往來這棟建築物時不會特別注意到它，但往往最簡單的美麗就置身在我們的生活周遭，但願您有空也來趟數學與藝術相遇之旅吧！

一個有趣的撲克牌小魔術—吉爾布雷斯法則的應用

　　在魔術界世界裡，撲克牌一直是很好用的道具，也是數學教師在機率的課堂上不可或缺的好教具。坊間的撲克牌魔術大多是採用數學的原理，筆者今天介紹一個少見又有趣的小魔術如下：

　　首先，將撲克牌分兩堆（分成第一堆及第二堆，分別以a、b為代號），每堆 26 張，a 裡頭由上至下為黑、紅相間一共 13 組黑紅相間（花色、點數不限）；b 為紅、黑相間一共 13 組紅黑相間（花色、點數不限），恰與 a 的順序顛倒，將此牌排列狀況先秀給觀眾看，如圖：

【a】共 13 組

【b】共 13 組

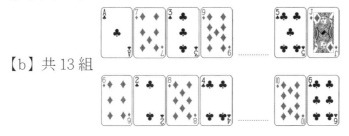

　　接下來，將此兩堆洗牌一次（疊洗），讓兩堆的牌互相交叉在一起。洗牌的過程為兩手各持一堆互相靠近，各以食指及中指將牌固定，雙手拇指將牌稍作彎曲狀從下而上逐漸放開，牌會因彈力讓兩堆的牌疊在一起，這也是最常見的洗牌法之一。例如上述的牌洗完交叉情況如下：

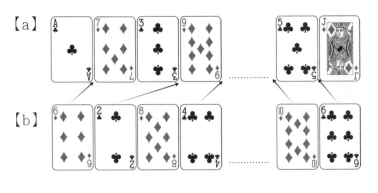

整副牌排列如下：

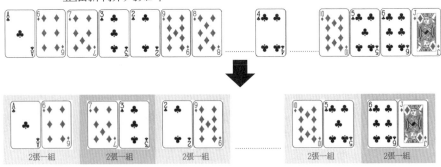

2張一組　　2張一組　　2張一組　　　　2張一組　　2張一組

　　此時牌面向下，將牌從上至下每2張一組依序分發給現場觀眾，此時請觀眾先不要亮牌，待所有觀眾都取得一組後，同時亮牌，赫然發現每人手上的每一組都是一張黑牌及一張紅牌。其原理簡單介紹如下：假設洗牌後 b 的第一張紅色洗到 a 的其中一張黑色之後，則會產生 (n+1) 組的黑紅序列，但第 n+2 組開始是紅黑的順序。

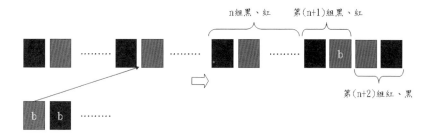

假設洗牌後 b 的第一張紅色洗到 a 的其中一張紅色之後，則產生 n 組的黑紅序列，第 n+1 組開始為紅黑的序列，如下圖：

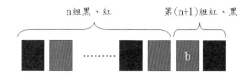

所以無論如何，b 的第一張紅色洗完後，會產生前半段為黑紅序列及後半段為紅黑的序列。接下來換 b 的第二張黑色要洗到 a 裡頭，但須注意的是，按照洗牌的順序 b 的第二張黑牌洗完後的位置必在紅色 b 之後。第一，若黑色 b 在 a 的黑色之後，則第 n+m（m > 1）組始恢復為黑紅的序列。

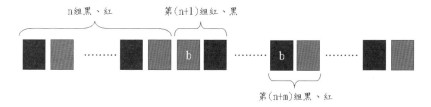

第二，若黑色 b 在 a 的紅色之後，第 n+m（m > 1）組仍為紅黑的組合。

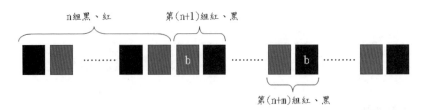

n組黑、紅　　　　第(n+1)組紅、黑

第(n+m)組紅、黑

　　b 堆的頭兩張洗完後，接下來 b 的第三張、第四張、第 n 張等洗到 a 裡頭的排列情況也是依此類推，這就是著名的吉爾布雷斯法則。

【魔術的推廣】

　　我們可以按照上述的法則，將一組兩張的黑、紅牌換成一組四張的四種花色各一的魔術，洗牌前依然是分兩堆，a、b 裡頭的排列分別是：（為方便讀者，筆者將撲克牌四種花色分別以數字 1、2、3、4 代替；a 以黃色代替、b 以白色代替，排列順序只論花色、不論點數，a 及 b 的每一組花色順序必須顛倒）

（a）　1　2　3　4　1　2　3　4　………　1　2　3　4
（b）　4　3　2　1　4　3　2　1　………　4　3　2　1

　　待觀眾過目後，魔術師將此兩堆洗牌一次，牌面向下，由上而下每四張一堆分給現場觀眾，亮牌結果每一堆竟然都有四種花色！其原理舉例如下：b 的第一張 4 勢必洗到 a 的第 n 組 1~4 當中，無論在哪個數字後，勢必將原來該組的 4 擠到第 n+1 組去，而原來第 n+1 組的 4 同時被擠到第 n+2 組去，依此類推。再來 b 的第二張洗到 a 裡頭的情況亦然，筆者不再重複說明，以下所舉例為 a、b 洗牌後之狀況：

1 2 4 3 3 4 2 1 1 4 2 3 3 4 2 1 ……… 4 1 3 2 2 1 3 4

【魔術大考驗：一條龍的魔術】

在熟知此種原理後，同樣的方法可以將此魔術換成一條龍的魔術，現在請各位觀眾將牌分成 a、b 兩堆，a 及 b 的順序如下：（排列只論點數、不限花色，a 及 b 的每一組點數順序必須顛倒）

（a）

（b）

排完之後，牌面向下並交叉洗牌一次，由上而下每 13 張分成一組，共分四組。亮牌時可發現四組牌中，每一組都是一條龍！（一條龍的是 13 張牌中，A 至 K 分別各有一張，不論花色）不過為講求魔術效果，上述圖形花色排列過於整齊，建議真正在表演此魔術時，宜將各花色隨機排列，效果會更佳！

創意教具 DIY ——
釘板的製作 & 圖形的面積問題

　　何謂釘板？它是一種學習數學的輔助教具，在一個平面上排滿了許多排列整齊的釘子（為安全起見，市售的釘子多為塑膠製）。以下是常見的釘子排列模型，其中交點處為釘子的位置。此教具搭配橡皮筋可以創作出許多不同的幾何形狀或有趣圖案。教學現場最常見的是方格狀的釘板，因此筆者此單元主要以方格狀釘板來討論。

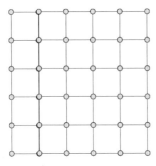

圖一：正方形格子

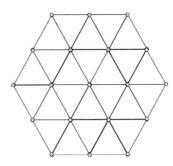

圖二：正三角形格子

壹、釘板的製作

　　筆者鑑於市售的教具面積不大，拿來做教學演示會有些吃力，加上手邊有些適合的材料，於是靈機一動 DIY 的釘板即呼之欲出，且這樣的教具將來不用時還可以輕易將各部分拆下，所有零件都可以再利用。

【製作材料】

PP 板（A4）、大頭圖釘、鬆緊繩、A3 紙張以及泡綿板（背面有軟磁鐵，可吸附於黑板上）

圖三：各項材料

圖四：市售的格子點 PP 板，更適合做釘板

【製作程序】

一、用電腦設計欲排版之樣式，並將之列印於 A3 紙張上，作為上圖釘位置的依據。

二、將兩張 A4 的 PP 板以膠帶拼成一個 A3 的大小。

圖五：兩片 A4 拼成一張 A3

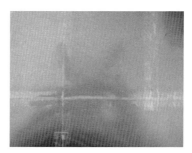

圖六：將泡綿拼成 A3 的形狀

三、拼湊、裁切泡綿為 A3 的尺寸置於 PP 板底下。

四、將圖釘一一釘於排好的版面之圖形交點處。（大頭圖釘有顏色，因此在上圖釘的時候可以隨讀者喜好與數列搭配做排列）

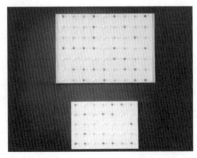

圖七：自製 A4 及 A3 的釘板

貳、創意教學

　　以下圖形皆用市售的鬆緊繩（裁縫店或書局可買到）圍成，勿用橡皮筋，因橡皮筋太緊容易使釘板圖釘掉落。

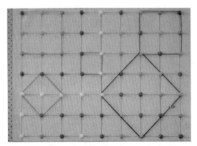

圖八：各種正方形

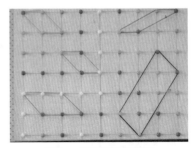

圖九：各種平行四邊形

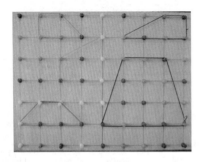

圖十：各種梯形

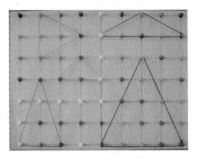

圖十一：各種三角形

圖十二：房屋

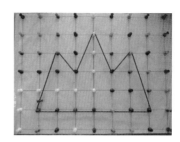

圖十三：一座山

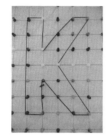

圖十四：英文字 K

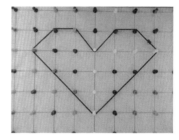

圖十五：愛心

三、圖形的面積

　　小學數學教過三角形、正方形、長方形以及梯形面積公式的運算，但是若在釘板隨意圍出一多邊形，則如何計算其面積？筆者曾對班上學生做過實驗，發現多數學生只要圖形是課本沒教過的就不知如何計算。茲舉例如下：（為讓圖形清楚顯示，以下圖形改以電腦繪圖代替實際釘板圖形）

圖形一：

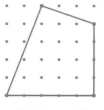

圖十六：圖形一

圖十七：圖形一的切割

　　圖一是一個類似梯形的面積但不是梯形，因此有些學生一時會想不出來，其實只要將圖形分割成左邊的三角形加右邊的梯形再相加即可。此圖形面積為 (2×5)/2 ＋ [(4 ＋ 5)×3]/2 ＝ 18.5 個單位方格。

圖形二：

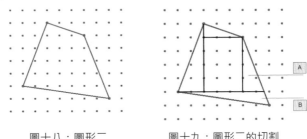

圖十八：圖形二　　　　圖十九：圖形二的切割

　　欲求此圖形面積，若將此題以切割的方式計算，則出現的 A、B 兩個圖形面積不易計算，此時發現無論如何切割都得不到容易計算的方式。有時候問題可以反過來思考，我們可以「拼補」的方式來計算其面積。

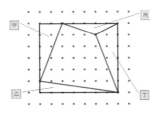

圖廿：圖形二的切割

　　如圖廿，我們可以先用一矩形將此圖形圍住，然後將矩形面積扣掉甲、乙、丙、丁四個三角形及可。因此圖形面積為 7×6 － (2×5)/2 － (1×7)/2 － (5×1)/2 － (6×2)/2 ＝ 25 個單位方格。

圖形三：

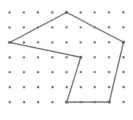

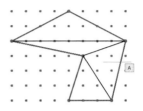

圖廿一：圖形三　　　　　圖廿二：圖形三的切割

如圖廿一是一個不規則的圖形，有些人可能回進行如圖廿二的分割，但如此的分割 A 部份較難計算面積，若改成圖廿三的分割，就容易計算出來。此題的面積為 22 個單位方格。

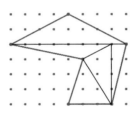

圖廿三：圖形三的切割

圖形四：

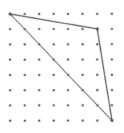
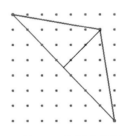

圖廿四：圖形四　　　　　圖廿五：圖形四的切割

在這樣的圖形中，很多人直接想到的就是圖廿五的計算方式。但如此的方式會有兩個問題，其一就是斜邊和高有根號的問題 (當然，如果學生學習過根號是有能力計算的)；其二是有些人會將底邊當成是 7 單位，高為 2.5 單位，這樣就犯了邊長與斜邊混淆的錯誤。

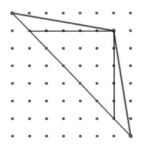

圖廿六：圖形四的切割

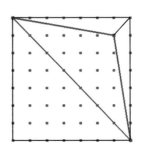

圖廿七：圖形四的拼補

此圖形可以分割如圖廿六的方式或是以拼補的方式 (如圖廿七) 來計算面積，此圖形的面積為 17.5 個單位方格。

圖形五

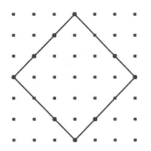

圖廿八：圖形五

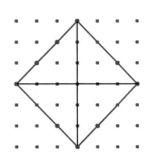

圖廿九：圖形五的切割

如此圖的面積很多人會誤以為是 3×3 ＝ 9，這同樣是犯了邊長與斜邊混淆的錯誤。其實此圖形的面積若不用根號的觀念也可用分割的方法計算出來 (如圖廿九)，此圖形的面積為 18 個單位方格。或者用 6×6 ＝ 36，36 的一半就是 18 來處理也可以 (如圖卅)。

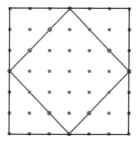

圖卅：圖形五的拼補

【常見的錯誤迷思】

如圖形一左邊的三角形面積有些同學會算成 3×6÷2。為什麼呢？因為他們將格子點的數目當成是邊長，實際上應是 2×5÷2 ＝ 5 才對。經過讓學生討論點數與單位邊長數的關係，學生比較不會犯錯。

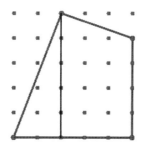

圖卅一：圖形一

　　有了這樣的概念之後，筆者提供三個圖形供讀者練習計算其面積。

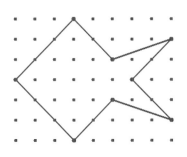

圖卅二：魚

圖卅三：星星

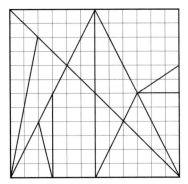

圖卅四：阿基米德的胃痛問題（一正方形切成十四塊拼圖）

　　DIY 的樂趣多，除了可以活化資源回收物，也可以從動手操作中體驗到學習的樂趣。不僅如此，用圖釘來作釘板的好處是可以隨心所欲地變化釘板的排列方式，手腦並用可以增進學習效果。只是資訊進步的現在，若沒有實體的教具，利用電腦軟體做輔助也是不錯的選擇。

擲飛鏢的數學

擲飛鏢是許多人的童年回憶，亦是各大小夜市熱門的攤位之一。通常大家對鏢靶的印象是中心點最高分，愈外圍分數愈低。那麼，讀者有沒有想過為何分數要如此設計？以及鏢靶的圓形設計有何道理？讓我們來研究研究一下吧！

圖一：市售的鏢靶

當筆者在課堂上向學生問道「鏢靶的分數大小與何有關？」大家思索了一番之後，有一兩位同學回答「與面積有關」！然後我再向其他同學問道「這位同學說鏢靶的分數與鏢靶的面積有關，請問你們認為如何？」其他同學想了一下，都覺得很有道理。是的，鏢靶的分數設計其實與鏢靶面積有所關聯。為何？假使我們抓一把的米來代表所有的飛鏢，然後我們將所有的米全部均勻撒在鏢靶的面積範圍內，則從理論機率的觀點來看面積愈大的米粒就欲多；面積愈少的米粒就愈少，也就是說，米粒的數量與鏢靶各區（環狀及中心）的面積成正比。

因此，擲飛鏢時（撇開實驗者的精準度不談），理論上

飛鏢落在面積較大的區域之機率理當比落在面積較小的區域
來的大，所以擲飛鏢時容易擲到面積較大的區域，如此分數
教必須設定較低分。反之，面積愈小的區域愈難使飛鏢落在
該區域，所以分數就必須提高。也就是說，分數的設計應與
該區域面積成反比。市面上的鏢靶分數就是這樣的設計，但
是分數的大小確實有按照面積的反比來設計嗎？

圖二：市售的鏢靶

圖三：鏢靶的各部份面積

我們先看看圖二的鏢靶，假設中心圓形半徑
為1，其他三個環的寬度也均為1，我們來計算一
下四個部份的面積如圖三。從中心到外圍的面積比
依序是1：3：5：7，分數的大小應是面積的反比
$\frac{1}{1}$、$\frac{1}{3}$、$\frac{1}{5}$、$\frac{1}{7}$ =105：35：21：15。假設中心
訂為400分，則其他個部份面積理論上應
為 $400 \times \frac{35}{105}$ ≒ 133、$400 \times \frac{21}{105}$ ≒ 80 以 及 400×
$\frac{15}{105}$ ≒ 57。因此理論上此鏢靶的分數設計應該如此（如圖
四）。

57

80

133

400

圖四：鏢靶的各部份分數

不過話說回來，這樣的分數設計看在觀眾眼裡似乎覺得奇怪，為何有 133、57 這種分數？當然內行人懂門道，不懂的人會愈看愈納悶，於是呼攤位的老闆只好改成整數比較不會徒增困擾，這就是為何鏢靶總是整數的設計。

　　接著我們來談談為何鏢靶要圓形的設計？而且是同心圓的設計？

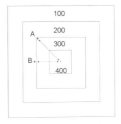
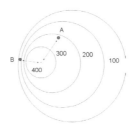

圖五：正方形鏢靶　　　　　圖六：變形的鏢靶

　　假設擲飛鏢遊戲除了考慮面積與分數的相關性之外，還要外加投擲者的準度，此準度必須大家公認以鏢靶的中心點為主，愈接近中心點的分數愈高，如此才能討論下去。如圖五，若鏢靶改為正方形的設計，則有可能出現點 A 比點 B 距離靶心更遠，但分數比點 B 更高（點 A 為 300 分、點 B 為 200 分）的情形。若鏢靶維持圓形設計，但是各區域的中心位置移動如圖六，亦會出現點 A 比點 B 距離靶心更遠，但分數比點 B 更高（點 A 為 300 分、點 B 為 100 分）的情況。當然，如果鏢靶遊戲純粹以面積的因素來考量，不考慮投擲者的準度的話，則圖五及圖六的鏢靶設計應是可行的。

　　最後我們來談談擲飛鏢的期望值問題，以圖四的鏢靶來說，四個區域（由中心往外）的期望值分別為 $400 \times \frac{1}{16}$、$400 \times \frac{35}{105} \times \frac{3}{16}$、$400 \times \frac{21}{105} \times \frac{5}{16}$ 以及 $400 \times \frac{15}{105} \times \frac{7}{16}$，都會等於 $\frac{400}{16} = 25$。若以圖二的鏢靶來說，四個區域（由中心往外）的期望

值分別為 $400 \times \frac{1}{16} = 25$、$300 \times \frac{3}{16} = 56.25$、$200 \times \frac{5}{16} = 62.5$ 以及 $100 \times \frac{7}{16} = 43.75$，以第 3 區域的期望值最大，中心區域的期望值最小，但是這樣的討論有何價值呢？

舉個例子，我們可以將圖二的鏢靶問題改成博奕問題，假設有個遊戲是這樣，看不見的箱子中共有 16 顆球，其顏色及數量分別是紅色 1 顆、橙色 3 顆、黃色 5 顆及綠色 7 顆。觀眾買一注可抽一球，抽中紅球可得 400 元、抽中橙球可得 300 元、抽中黃球可得 200 元、抽中綠求可得 100 元等，若您是老闆，應設定觀眾買一注的費用是多少錢？

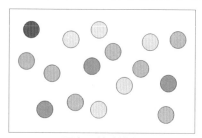

圖七：抽球遊戲

各位都知道，莊家豈有賠錢之道理，所以客人買一注的錢應大於此遊戲的期望值。此遊戲的期望值為 25 ＋ 56.25 ＋ 62.5 ＋ 43.75 ＝ 187.5，所以買一注的價錢應大於 187.5，例如 250 元等，這樣長久下來老板才不會賠錢。

若此遊戲改以下注顏色的方式來玩將會如何？例如客人買一注必須預先下注某一種顏色，接著由客人自己從箱子抽出一球，抽出的球顏色必須與下注的球顏色一樣才可以領到該顏色獎金。那麼，假使你是顧客，您會下注哪一種顏色？

　　若以機率的觀點來看，綠色球為最多，因此抽中綠球的機率應該最大，所以大部份的顧客應該會選擇下注綠球。但從期望值的觀點來看，黃球的期望值最高，理應下注黃球。但是紅球獎金最高，但是機率不大。當然，在兼顧機率與報酬的情況下，選擇期望值來下注是比較合理的。

　　生活中充滿了許多數學，眼前所漸盡是理所當然之事，如果我們能仔細研究，可以從這些看似平常的事情中發現不平凡的知識。

數獨的另類玩法

　　數獨是時下老少咸宜的一種數學休閒娛樂，夯的程度甚至連市售的飲料包都可見其蹤影。可是魔方陣也毫不遜色，早期魔方陣可是眾多數學家討論與研究的話題之一。綜觀當下的魔方陣，最常被討論的有三階與四階的魔方陣，因為五階的魔方陣高達二億多種，至今仍無特定的公式可計算出五階魔方陣的個數。

　　數獨的始祖是拉丁方陣，何謂拉丁方陣？就是在一個 N×N 的方陣之中，每一橫列、縱排均要有 1~N，稱之為拉丁方陣，例如一個四階的拉丁方陣：

4	3	2	1
1	2	4	3
2	1	3	4
3	4	1	2

　　而數獨是延伸為 9×9 的方陣，但是增加一個條件，就是方陣中再劃分 9 個 3×3 的小方陣，每一個小方陣之中要有 1~9，例如一個數獨：

4	3	6	8	5	2	1	7	9
8	7	9	1	6	3	2	4	5
1	5	2	7	4	9	6	8	3
7	8	5	9	2	1	3	6	4
2	9	3	4	7	6	8	5	1
6	4	1	3	8	5	7	9	2
3	1	7	5	9	8	4	2	6
9	2	4	6	3	7	5	1	8
5	6	8	2	1	4	9	3	7

在此方陣中，每一橫排及直排均有 1~9，所以數字和都一樣（＝45），可是魔方陣的條件是兩條對角線必須也是 45，但此方陣的兩條對角線並沒有 1~9 都有（總和不等於 45），不過魔方陣強調的是總和，因此每一排數字不一定要 1~9，只要總和湊成 45 皆可，所以我們可以初步將此方陣作一調整。調整的原則為在同一小方陣內兩數字互調，直到調至所有橫列、直排及兩對角線總和都一樣為止，圖中相鄰塗顏色部份為互調的數字：

4	3	6	8	5	2	1	7	9
8	7	9	1	6	3	2	4	5
1	5	2	7	4	9	6	8	3
7	8	5	9	2	1	3	6	4
2	9	3	4	7	6	8	5	1
6	4	1	3	8	5	7	9	2
3	1	7	5	9	8	4	2	6
9	2	4	6	3	7	5	1	8
5	6	8	2	1	4	9	3	7

調整後，方陣變成每一橫、每一列及兩條對角線總合均是 45 的方陣：

3	4	6	8	5	2	1	7	9
8	7	9	1	6	3	2	4	5
1	5	2	7	4	9	6	8	3
7	8	5	9	2	1	3	6	4
2	9	3	4	7	6	8	5	1
6	4	1	3	8	5	7	9	2
3	1	7	5	9	8	4	2	6
9	2	4	6	3	7	5	1	8
6	5	8	2	1	4	9	3	7

九階的魔方陣是由 1 至 81 構成，那麼我們要如何將此方陣變成 1~81 的數字呢？由於這方陣有 9 個 1~9，我們只要稍動手腳，就可以將它變成 1~81，例如：

小方陣數字		小方陣變化	結果
1~9	1	1~9	1~9
1~9	2	（1~9）+9×1	10~18
1~9	3	（1~9）+ 9×2	19~27
1~9	4	（1~9）+ 9×3	28~36
1~9	5	（1~9）+ 9×4	37~45
1~9	6	（1~9）+ 9×5	46~54
1~9	7	（1~9）+ 9×6	55~63
1~9	8	（1~9）+ 9×7	64~72
1~9	9	（1~9）+ 9×8	73~81

我們要如何決定數獨方陣中的那一小格是屬於那一種變化呢？可以藉助 3 階魔方陣來輔助。現在將三階魔方陣套在數獨中：

於是乎，數獨可依此轉換如下：

3+9×5	4+9×5	6+9×5	8	5	2	1 +9×7	7+9×7	9+9×7
8+9×5	7+9×5	9+9×5	1	6	3	2+9×7	4+9×7	5+9×7
1+9×5	5+9×5	2+9×5	7	4	9	6+9×7	8+9×7	3+9×7
7+9×6	8+9×6	5+9×6	9+9×4	2+9×4	1 +9×4	3+9×2	6+9×2	4+9×2
2+9×6	9+9×6	3+9×6	4+9×4	7+9×4	6+9×4	8+9×2	5+9×2	1 +9×2
6+9×6	4+9×6	1+9×6	3+9×4	8+9×4	5+9×4	7+9×2	9+9×2	2+9×2
3+9	1 +9	7+9	5+9×8	9+9×8	8+9×8	4+9×3	2+9×3	6+9×3
9+9	2+9	4+9	6+9×8	3+9×8	7+9×8	5+9×3	1 +9×3	8+9×3
6+9	5+9	8+9	2+9×8	1 +9×8	4+9×8	9+9×3	3+9×3	7+9×3

將各數字加總即可得一九階魔方陣，每一橫、列及兩條對角線總合均為 369。

3	4	6	8	5	2	1	7	9
8	7	9	1	6	3	2	4	5
1	5	2	7	4	9	6	8	3
7	8	5	9	2	1	3	6	4
2	9	3	4	7	6	8	5	1
6	4	1	3	8	5	7	9	2
3	1	7	5	9	8	4	2	6
9	2	4	6	3	7	5	1	8
6	5	8	2	1	4	9	3	7

再轉換成魔方陣：

3+9×5	4+9×5	6+9×5	8+9×6	5+9×6	2+9×6	1 +9	7+9	9+9
8+9×5	7+9×5	9+9×5	1+9×6	6+9×6	3+9×6	2+9	4+9	5+9
1 +9×5	5+9×5	2+9×5	7+9×6	4+9×6	9+9×6	6+9	8+9	3+9
7	8	5	9+9×4	2+9×4	1 +9×4	3+9×8	6+9×8	4+9×8
2	9	3	4+9×4	7+9×4	6+9×4	8+9×8	5+9×8	1 +9×8
6	4	1	3+9×4	8+9×4	5+9×4	7+9×8	9+9×8	2+9×8
3+9×7	1 +9×7	7+9×7	5+9×2	9+9×2	8+9×2	4+9×3	2+9×3	6+9×3
9+9×7	2+9×7	4+9×7	6+9×2	3+9×2	7+9×2	5+9×3	1 +9×3	8+9×3
6+9×7	5+9×7	8+9×7	2+9×2	1 +9×2	4+9×2	9+9×3	3+9×3	7+9×3

將數字加總得到另一種九階魔方陣：

48	49	51	62	59	56	10	16	18
53	52	54	55	60	57	11	13	14
46	50	47	61	58	63	15	17	12
7	8	5	45	38	37	75	78	76
2	9	3	40	43	42	80	77	73
6	4	1	39	44	41	79	81	74
66	64	70	23	27	26	31	29	33
72	65	67	24	21	25	32	28	35
69	68	71	20	19	22	36	30	34

三階魔方陣有 8 種，所以同一個基底的數獨可以變化出 8 種魔方陣。

現在讀者應該可以掌握此要訣，現在我們在看看另一種數獨，並將之轉換成魔方陣吧！現在我們再練習一個題目如下，將小方陣內相同顏色數字互調。

7	2	3	8	1	6	4	5	9
6	4	8	3	9	5	2	1	7
1	9	5	4	2	7	3	6	8
3	8	2	7	5	1	9	4	6
9	5	6	2	8	4	1	7	3
4	7	1	6	3	9	8	2	5
2	1	7	9	6	8	5	3	4
5	6	9	1	4	3	7	8	2
8	3	4	5	7	2	6	9	1

調整後如下：

7	2	3	1	8	6	4	5	9
6	4	8	3	9	5	2	1	7
1	9	5	2	4	7	3	6	8
3	8	2	7	5	1	9	4	6
9	5	6	8	2	4	1	7	3
4	7	1	9	3	6	8	2	5
1	2	7	9	6	8	5	3	4
6	5	9	4	1	3	7	8	2
8	3	4	2	7	5	6	9	1

再將三階魔方陣套上如下：

7	2	3	1	8	6	4	5	9
6	6 4	8	3	1	5	2	8 7	
1	9	5	2	4	7	3	6	8
3	8	2	7	5	1	9	4	6
9	7	6	8	5	4	1	3 3	
4	7	1	9	3	6	8	2	5
1	2	7	9	6	8	5	3	4
6	2 9	4	9	3	7	4 2		
8	3	4	2	7	5	6	9	1

再轉換為魔方陣：

7+9×5	2+9×5	3+9×5	1	8	6	4+9×7	5+9×7	9+9×7
6+9×5	4+9×5	8+9×5	3	9	5	2+9×7	1+9×7	7+9×7
1+9×5	9+9×5	5+9×5	2	4	7	3+9×7	6+9×7	8+9×7
3+9×6	8+9×6	2+9×6	7+9×4	5+9×4	1+9×4	9+9×2	4+9×2	6+9×2
9+9×6	5+9×6	6+9×6	8+9×4	2+9×4	4+9×4	1+9×2	7+9×2	3+9×2
4+9×6	7+9×6	1+9×6	9+9×4	3+9×4	6+9×4	8+9×2	2+9×2	5+9×2
1+9	2+9	7+9	9+9×8	6+9×8	8+9×8	5+9×3	3+9×3	4+9×3
6+9	5+9	9+9	4+9×8	1+9×8	3+9×8	7+9×3	8+9×3	2+9×3
8+9	3+9	4+9	2+9×8	7+9×8	5+9×8	6+9×3	9+9×3	1+9×3

52	47	48	1	8	6	67	68	72
51	49	53	3	9	5	65	64	70
46	54	50	2	4	7	66	69	71
57	62	56	43	41	37	27	22	24
63	59	60	44	38	40	19	25	21
58	61	55	45	39	42	26	20	23
10	11	16	81	78	80	32	30	31
15	14	18	76	73	75	34	35	29
17	12	13	74	79	77	33	36	28

【動動腦時間】

下圖為一個數獨，請將它轉換為魔方陣吧！

3	5	8	9	6	1	7	4	2
4	1	2	8	5	7	6	9	3
6	7	9	2	3	4	1	5	8
9	6	4	3	7	8	5	2	1
7	8	5	4	1	2	9	3	6
2	3	1	5	9	6	4	8	7
5	9	7	6	2	3	8	1	4
8	2	6	1	4	5	3	7	9
1	4	3	7	8	9	2	6	5

影印機與紙張的約會

壹、前言

常常在辦公室中，聽到有學生在問：「老師，請問一下A4紙怎麼放大到A3？」「哦，你只要將放大比例調到141就可以了。」「為什麼是141呢？」。我們從小到大，每個人都接觸過影印機，但你信不信，很多人要放大或縮小影印時，都不知該放大或縮小到什麼樣的比例，若是影印機旁沒有參考表，都要白白浪費掉好幾張紙呢！所以，為了不要白白浪費紙張，我們應該好好的研究一番才是。

貳、有關紙張的常識

在研究影印機的放大原理之前呢，我們先研究一下紙張奧妙之處：

一、我們也時常運用電腦做文書處理，調整紙張的版面設定，但是有些程式不見得會將所有紙張的長與寬都設定好，所以經常問旁邊的人，而旁邊的人也不見得會知道，以下是常見旳版面設定畫面：

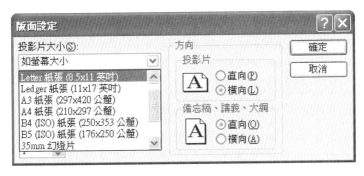

你有沒有發現到，A4 的長恰等於 A3 的寬，而且 A4 的長與寬比值與 A3 的長與寬比值相等呢？(297：210 = 420：297)，弱化成最簡的比就是 1.414：1，但是更精確的來說應該是 $\sqrt{2}$：1，為何會如此呢？以下是簡單的證明：

（一）我們可以將兩張 A4 的紙張合併成為一張 A3，並且假設 A4 的寬為 X，長為 Y

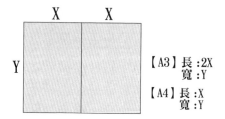

（二）因為任何系列的紙張為了能夠均勻的 A4 大與縮小，所以我們可以將 A4 的紙張擺成與 A3 同方向，如下圖：

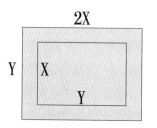

依據比例關係，我們可以得到 $2X：Y = Y：X \to Y^2 = 2X^2 \to$
$Y^2 = 2X^2 \to Y = \sqrt{2}X \to Y：X = \sqrt{2}：1$

現在了解了紙張的長與寬的比例由來了嗎？其實不管是 A 系列的紙與 B 系列的紙，長與寬都是同樣的比例呢！

一、您知道市面上有哪些規格的紙張嗎？以下做簡單的介紹：

紙張規格					
	開數	規格	全尺寸（mm）	裁切後尺寸（mm）	常用紙張
四六版	全開	B1	1091 x 787	1042 x 751	壁報紙
	對開（半開）	B2	787 x 545	751 x 521	海報
	4 開	B3	545 x 393	521 x 375	
	8 開	B4	393 x 272	275 x 260	
	16 開	B5	272 x 196	260 x 187	孔活頁記事本
	32 開	B6	196 x 136	187 x 130	
	64 開	B7	136 x 98	130 x 93	
菊　版	菊全開	A1	872 x 621	842 x 594	海報
	菊對開	A2	621 x 436	594 x 421	
	菊 4 開	A3	436 x 310	421 x 297	
	菊 8 開	A4	310 x 218	297 x 210	影印紙
	菊 16 開	A5	218 x 155	210 x 148	手冊
	菊 32 開	A6	155 x 109	148 x 105	
	菊 64 張	A7	109 x 77	105 x 74	

　　各位有沒有看到，我們常用的A4、B5規格都在上面呢！其實 A 系列的紙中，A1 還不是最大的，還有 A0，B 系列同樣也有 B0 的紙張，其實都是按照一定的比例放大的，當然，市面上還有很多規格的紙，有興趣可以上網查一下資料找到你想要的紙喔！

參、紙張的長與寬也可以這樣推理（A4 系列為例）

一、只要記得 210，210 是什麼呢？是 A4 的寬，單位是公分，我們之前已經瞭解長是寬的 1.414 倍，因此只要 210 X 1.1441 ＝ 297，算出 A4 的長，同理，A3 的長就是 297 X1.1414 ＝ 420。

以下整理出表格：

邊長＼紙張	A4	A3	A2	A1
長	297	420	594	840
寬	210	297	420	594

所以是不是只要靠大腦就可以算出來，不用再問別人了呢！

同理，B 系列的紙張也可以由 182（配合電腦設定的尺寸）算起，如下表：

邊長＼紙張	B5	B4	B3	B2
長	257	364	515	728
寬	182	257	364	515

肆、影印機如何放大與縮小

（以同系列的紙張放大與縮小為例）

影印機輸入欄位單位是％，而且是要輸入邊長的放大值，不是面積的放大值，並輸入放大或縮小值的 100 倍就可以了，例如，要放大 1.41 倍，只要輸入 141 就可以了，經過上面的研究，我們可以依據 $\sqrt{2}$ [1.414] 的比例做出以下 B 系列常用紙張的放大與縮小表：

↱	B5	B4	B3	B2
B5	100	141	200	282
B4	71	100	141	200
B3	50	71	100	141
B2	35	50	71	100

　　使用方去是以左欄位放大或縮小到（依箭頭指示）上方欄位的某一個紙張的放大或縮小數宜，例如：B4 欲医到到 B3 則要輸入 141；B2 縮小到 B5 要輸入 35。

　　A 系列常用紙張的放大表：

↱	B5	B4	B3	B2
B5	100	141	200	282
B4	71	100	141	200
B3	50	71	100	141
B2	35	50	71	100

　　同理，A 系列的放大比例與 B 系列是一樣的，而且這張表格隱藏很多數學關係，例如紅色框的數字排成一列是以 $\sqrt{2}$ 為公比的等比數列；藍色框的數字由下到上也是以 $\sqrt{2}$ 為公比的等比數列；而綠色框是以 2 為公比的等比數列，粉紅色框的數字正好是公比為 1 的等比數列。

　　沒想到影印機與紙張的互相結合是這麼有趣的吧！其實生活中充滿了許多與數學有關且好玩的例子，只是我們從不曾去注意到這些常伴隨我們的數學吧，其實，只要多用心觀察，週邊有很多好玩的數學問題喔。

國家圖書館出版品預行編目資料

看新聞，學數學 / 李祐宗著
--初版-- 臺北市：博客思出版事業網：2016.3
ISBN：978-986-5789-83-1(平裝)
1.數學 2.新聞報導

310   104025750

數理系列 2

看新聞，學數學

作　　者：李祐宗
編　　輯：高雅婷
美　　編：陳湘姿
封面設計：陳湘姿
出 版 者：博客思出版事業網
發　　行：博客思出版事業網
地　　址：台北市中正區重慶南路1段121號8樓之14
電　　話：(02)2331-1675或(02)2331-1691
傳　　真：(02)2382-6225
E—MAIL：books5w@yahoo.com.tw或books5w@gmail.com
網路書店：http://bookstv.com.tw/ http://store.pchome.com.tw/yesbooks/
　　　　　華文網路書店、三民書局
　　　　　博客來網路書店 http://www.books.com.tw
總 經 銷：成信文化事業股份有限公司
電　　話：02-2219-2080   傳　真：02-2219-2180
劃撥戶名：蘭臺出版社 帳號：18995335
香港代理：香港聯合零售有限公司
地　　址：香港新界大蒲汀麗路36號中華商務印刷大樓
　　　　　C&C Building, 36,Ting, Lai, Road, Tai,Po, New,Territories
電　　話：(852)2150-2100   傳 真：(852)2356-0735
總 經 銷：廈門外圖集團有限公司
地　　址：廈門市湖裡區悅華路8號4樓
電　　話：86-592-2230177   傳 真：86-592-5365089
出版日期：2016年3月 初版
定　　價：新臺幣280元整（平裝，套書不零售）
ISBN：978-986-5789-83-1